AutoUni – Schriftenreihe

Band 137

Reihe herausgegeben von/Edited by
Volkswagen Aktiengesellschaft
AutoUni

Die Volkswagen AutoUni bietet Wissenschaftlern und Promovierenden des Volkswagen Konzerns die Möglichkeit, ihre Forschungsergebnisse in Form von Monographien und Dissertationen im Rahmen der „AutoUni Schriftenreihe" kostenfrei zu veröffentlichen. Die AutoUni ist eine international tätige wissenschaftliche Einrichtung des Konzerns, die durch Forschung und Lehre aktuelles mobilitätsbezogenes Wissen auf Hochschulniveau erzeugt und vermittelt.

Die neun Institute der AutoUni decken das Fachwissen der unterschiedlichen Geschäftsbereiche ab, welches für den Erfolg des Volkswagen Konzerns unabdingbar ist. Im Fokus steht dabei die Schaffung und Verankerung von neuem Wissen und die Förderung des Wissensaustausches. Zusätzlich zu der fachlichen Weiterbildung und Vertiefung von Kompetenzen der Konzernangehörigen fördert und unterstützt die AutoUni als Partner die Doktorandinnen und Doktoranden von Volkswagen auf ihrem Weg zu einer erfolgreichen Promotion durch vielfältige Angebote – die Veröffentlichung der Dissertationen ist eines davon. Über die Veröffentlichung in der AutoUni Schriftenreihe werden die Resultate nicht nur für alle Konzernangehörigen, sondern auch für die Öffentlichkeit zugänglich.

The Volkswagen AutoUni offers scientists and PhD students of the Volkswagen Group the opportunity to publish their scientific results as monographs or doctor's theses within the "AutoUni Schriftenreihe" free of cost. The AutoUni is an international scientific educational institution of the Volkswagen Group Academy, which produces and disseminates current mobility-related knowledge through its research and tailor-made further education courses. The AutoUni's nine institutes cover the expertise of the different business units, which is indispensable for the success of the Volkswagen Group. The focus lies on the creation, anchorage and transfer of knew knowledge.

In addition to the professional expert training and the development of specialized skills and knowledge of the Volkswagen Group members, the AutoUni supports and accompanies the PhD students on their way to successful graduation through a variety of offerings. The publication of the doctor's theses is one of such offers. The publication within the AutoUni Schriftenreihe makes the results accessible to all Volkswagen Group members as well as to the public.

Reihe herausgegeben von/Edited by
Volkswagen Aktiengesellschaft
AutoUni
Brieffach 1231
D-38436 Wolfsburg
http://www.autouni.de

Weitere Bände in der Reihe http://www.springer.com/series/15136

Lucas Mathusall

Potenziale des variablen Ventiltriebes in Bezug auf das Abgasthermomanagement bei Pkw-Dieselmotoren

Lucas Mathusall
AutoUni
Wolfsburg, Deutschland

Zugl.: Dissertation, Technische Universität Braunschweig, 2019

Die Ergebnisse, Meinungen und Schlüsse der im Rahmen der AutoUni – Schriftenreihe veröffentlichten Doktorarbeiten sind allein die der Doktorandinnen und Doktoranden.

AutoUni – Schriftenreihe
ISBN 978-3-658-25900-6   ISBN 978-3-658-25901-3   (eBook)
https://doi.org/10.1007/978-3-658-25901-3

Die Deutsche Nationalbibliothek verzeichnet diese Publikation in der Deutschen National-bibliografie; detaillierte bibliografische Daten sind im Internet über http://dnb.d-nb.de abrufbar.

Springer ist ein Imprint der eingetragenen Gesellschaft Springer Fachmedien Wiesbaden GmbH und ist ein Teil von Springer Nature
Die Anschrift der Gesellschaft ist: Abraham-Lincoln-Str. 46, 65189 Wiesbaden, Germany

Potenziale des variablen Ventiltriebes in Bezug auf das Abgasthermomanagement bei Pkw-Dieselmotoren

Bei der Fakultät für Maschinenbau
der Technischen Universität Carolo-Wilhelmina zu Braunschweig

zur Erlangung der Würde

eines Doktor-Ingenieurs (Dr.-Ing.)

genehmigte Dissertation

von:	Lucas Mathusall
geboren in (Geburtsort):	Rostock

eingereicht am:	26.04.1018
mündliche Prüfung am:	10.01.2019

Vorsitz:	Prof. Dr.-Ing. Ferit Kücükay
Gutachter:	Prof. Dr.-Ing. Peter Eilts
	Prof. Dr.-Ing. Georg Wachtmeister

2019

Vorwort

Diese Arbeit entstand im Zuge des dreijährigen Doktorandenprogramms der Volkswagen AG. Während dieser Zeit war ich am Standort Wolfsburg in der Dieselmotorenvorentwicklung tätig.

An erster Stelle gilt mein Dank meinem Doktorvater Herrn Prof. Dr.-Ing. Eilts vom Institut für Verbrennungskraftmaschinen an der TU Braunschweig für seine wissenschaftliche Unterstützung sowie für die offenen Diskussionen und Anregungen. Des Weiteren möchte ich mich bei Herrn Prof. Dr.-Ing. Wachtmeister vom Lehrstuhl für Verbrennungskraftmaschinen an der TU München für die Betreuung meiner Arbeit als Zweitkorrektor bedanken.

Ein besonder Dank gilt Herrn Dr.-Ing. Blei und Herrn Dr.-Ing. Groenendijk für die zahlreichen fachlichen Diskussionen, die mich immer wieder in neue Richtungen gebracht und neue Aspekte in die Arbeit einfließen lassen haben.

Danken möchte ich auch Herrn Dr.-Ing. Pott für die Unterstützung und das Vertrauen in mein Vorhaben. Ganz besonders möchte ich Herrn Dipl.-Ing Heimermann und Herrn Dipl.-Ing. Wiegel für die großartige Unterstützung am Versuchsträger, in der Datenaufbereitung und für den fachlichen Austausch danken, was diese Arbeit erst möglich machten.

Mein Dank gilt auch Herrn Welk für seine unermüdliche Arbeit bei der Durchführung der Versuche.

Ebenso danke ich Herrn Dr.-Ing. Hofer für die aufschlussreiche rechnerische Unterstützung der Arbeit.

Bedanken möchte ich mich bei allen Kollegen der EADV und für die umfangreiche Unterstützung in allen Belangen und Fragen sowie für das tolle und konstruktive Arbeitsumfeld.

Zum Schluss möchte ich mich bei meiner Familie für die ausdauernde Unterstützung, Stärkung und Motivation bedanken und dafür, dass sie immer an mich geglaubt haben.

Lucas Mathusall

Inhaltsverzeichnis

Abbildungsverzeichnis

Tabellenverzeichnis

Abkürzungsverzeichnis

AGR	Abgasrückführung
ANB	Abgasnachbehandlung
AÖ	Auslass-Öffnen
AS	Auslass-Schließen
ATL	Abgasturbolader
AV	Auslassventil
BiT	BiTurbo
CO	Kohlenmonoxid
CO_2	Kohlenstoffdioxid
Dkl	Drosselklappe
DOC	Dieseloxidationskatalysator
DPF	Dieselpartikelfilter mit SCR-Beschichtung
eAGR	externe Abgasrückführung
EÖ	Einlass-Öffnen
ES	Einlass-Schließen
EV	Einlassventil
FAÖ	frühes Auslass-Öffnen
FRC	Aufteilungsfaktor HDAGR/NDAGR
FSN	Filter Smoke Number
Ful	Füllungsreduzierung
HC	unverbrannte Kohlenwasserstoffe
HDAGR	Hochdruckabgasrückführung (als Temperaturmaßnahme)
iAGR	interne Abgasrückführung
iAGR-RS	interne Abgasrückführung mittels Rücksaugen
iAGR-VL	interne Abgasrückführung mittels Vorlagern
LWOT	obere Totpunkt im Ladungswechsel
MDB	modularer Dieselbaukasten
NDAGR	Niederdruckabgasrückführung
NE	Nacheinspritzung
NEFZ	neuer europäischer Fahrzyklus
NO_2	Stickstoffdioxid
NO_x	Stickstoffoxid
OT	oberer Totpunkt
SCR	selektive katalytische Reduktion
SDPF	Dieselpartikelfilter mit SCR-Beschichtung
SEÖ	spätes Einlass-Öffnen
SES	spätes Einlass-Schließen
TM	Temperaturmaßnahme
UT	unterer Totpunkt

VTG	variable Turbinengeometrie
VVT	variabler Ventiltrieb
ZAS	Zylinderabschaltung
ZOT	Zünd-OT

Formelzeichenverzeichnis

η_{HD}	Wirkungsgrad der Hochdruckschleife	$[\%]$
η_{Mech}	mechanischer Wirkungsgrad	$[\%]$
η_{ND}	Wirkungsgrad der Niederdruckschleife	$[\%]$
λ	Luftverhältnis	$[-]$
κ	IsentropenWxponent	$[-]$
ϕ	Kurbelwinkel	$[°KW]$
b_e	spezifischer Kraftstoffverbrauch	$[g/kWh]$
c_p	spezifische Wärmekapazität bei konstantem Druck	$[kJ/(kg \cdot K)]$
c_v	spezifische Wärmekapazität bei konstantem Volumen	$[kJ/(kg \cdot K)]$
h	spezifische Enthalpie	$[J/kg]$
H_u	unterer Heizwert	$[MJ/kg]$
H	Enthalpie	$[J]$
m	Masse	$[kg]$
$m_{Abg,V}$	Abgasmasse vorgelagert	$[kg]$
$m_{Abg,Z}$	Abgmasse im Zylinder	$[kg]$
$\dot{M}_{CO_2,Abgas}$	Molstrom CO_2 Abgas	$[mol/s]$
$\dot{M}_{CO_2,Frischluft}$	Molstrom CO_2 Frischluft	$[mol/s]$
$\dot{M}_{CO_2,n.\ Mischstelle}$	Molstrom CO_2 nach Mischstelle	$[mol/s]$
M_{eff}	effektives Moment	$[Nm]$
m_{Krst}	Kraftstoffmasse	$[kg]$
$m_{Krst,Ref}$	Kraftstoffmasse des Referenzmesspunktes	$[kg]$
$m_{Krst,TM}$	Kraftstoffmasse der Temperaturmaßnahme	$[kg]$
$m_{L,V}$	Luftmasse vorgelagert	$[kg]$
$m_{L,Z}$	Luftmasse im Zylinder	$[kg]$
m_{Ref}	Füllungsmasse des Referenzmesspunktes	$[kg]$
m_{TM}	Füllungsmasse der Temperaturmaßnahme	$[kg]$
p	Druck	$[N/m^2]$
p_4	Druck im Zylinder Zustand 4	$[N/m^2]$
p_{Abg}	Abgasdruck	$[N/m^2]$
p_{mi}	indizierter Mitteldruck	$[bar]$

$p_{Zyl@0mm}$	Zylinderdruck beim ersten Auslassventilhub größer 0 mm	$[N/m^2]$
Q_{Krst}	Kraftstoffenergie	$[J]$
Q_{WW}	Wandwärmeverlust	$[J]$
R	Gaskonstante	$[kJ/(kg \cdot K)]$
T_1	Temperatur im Zylinder Zustand 1	$[K]$
$T_{1,Ref}$	Temperatur im Zylinder Zustand 1 des Referenzmesspunktes	$[K]$
T_4	Temperatur im Zylinder Zustand 2	$[K]$
$T_{Abg,Ref}$	Abgastemperatur des Referenzmesspunktes	$[°C]$
$T_{Abg,K}$	Abgastemperatur mit Kraftstoffanteil	$[°C]$
$T_{Abg,F}$	Abgastemperatur mit Füllungsanteil	$[°C]$
$T_{Abg,TM}$	Abgastemperatur der Temperaturmaßnahme	$[°C]$
$T_{Austritt\ DOC}$	Abgastemperatur Austritt DOC	$[°C]$
$T_{Austritt\ SDPF}$	Abgastemperatur Austritt SDPF	$[°C]$
$T_{Eintritt\ DOC}$	Abgastemperatur Eintritt DOC	$[°C]$
$T_{Eintritt\ SDPF}$	Abgastemperatur Eintritt SDPF	$[°C]$
$T_{im\ DOC}$	Abgastemperatur im DOC	$[°C]$
$T_{im\ SDPF}$	Abgastemperatur im SDPF	$[°C]$
$T_{Kr.}$	Abgastemperatur Krümmer	$[°C]$
$T_{n.DOC}$	Abgastemperatur nach DOC	$[°C]$
$T_{n.SDPF}$	Abgastemperatur nach SDPF	$[°C]$
$T_{n.Trb}$	Abgastemperatur nach Turbine	$[°C]$
$T_{n.TrbHD}$	Abgastemperatur nach HD-Turbine	$[°C]$
$T_{v.Trb}$	Abgastemperatur vor Turbine	$[°C]$
$T_{v.TrbND}$	Abgastemperatur vor ND-Turbine	$[°C]$
T	Temperatur	$[K]$
$\Delta T_{Abg,F}$	Temperaturanteil: Füllungsanteil	$[K]$
$\Delta T_{Abg,K}$	Temperaturanteil: Kraftstoffanteil	$[K]$
$\Delta T_{Abg,Rest}$	Temperaturanteil: spezifischer Anteil	$[K]$
$\Delta T_{Abg,TM}$	Temperaturänderung der Temperaturmaßnahme	$[K]$
ΔT_{AS}	durch den Ausströmvorgang	$[K]$
$\Delta T_{AS,Ref}$	Temperaturänderung durch den Ausströmvorgang des Referenzverfahrens	$[K]$
$\Delta T_{n.Trb}$	Temperaturänderung nach Turbine	$[K]$
ΔT_{Kr}	Temperaturänderung im Krümmer	$[K]$
$\Delta T_{v.Trb}$	Temperaturänderung vor Turbine	$[K]$

ΔT_Z	Temperaturänderung durch Verbrennungsprozess	$[K]$
$\Delta\Delta T_{Trb}$	Temperaturänderung der Temperaturdifferenz Turbine	$[K]$
U	innere Energie	$[J]$
U_Z	innere Energie im Zylinder	$[J]$
U_1	innere Energie im Zylinder Zustand 1	$[J]$
U_4	innere Energie im Zylinder Zustand 4	$[J]$
V	Volumen	$[m^3]$
W_v	Volumenänderungsarbeit	$[J]$
x_A	Anteil	$[-]$
x_{AGR}	Abgasrückführrate	$[\%]$
X_A	Proportionalfaktor Kraftstoff-Füllungs-Verhältnis	$[K]$
$X_{A,Ref}$	Proportionalfaktor Kraftstoff-Füllungs-Verhältnis der Referenzmessung	$[K]$

1 Einleitung, Motivation und Aufbau

Die Reduzierung des weltweiten CO_2-Ausstoßes zur Begrenzung des voranschreitenden Klimawandels ist eine der Herausforderungen unserer modernen Gesellschaft. Dieses Ziel ist nur durch Betrachtung der gesamten Energieversorgung zu erreichen. Dazu zählt die Energieversorgung des mobilen Sektors (Straßen-, Schiffs- und Schienenverkehr) und des stationären Sektors (Industrie, Gewerbe und private Haushalte).

Für den stationären Energiesektor steht hauptsächlich das Stromnetz zur Verfügung, welches heute noch zum größten Teil durch fossile Energieträger gespeist wird [16], [17], [42]. Die Energieversorgung des mobilen Sektors erfolgt, zumindest auf der Straße und auf dem Wasser, überwiegend durch fossile Kraftstoffe. Die Einführung von Elektroautos soll dieses Problem lösen. Jedoch ist hierbei die Well-To-Wheel-Analyse besonders wichtig, da durch die Elektromobilität eine Verschiebung der entstehenden CO_2-Emissionen vom mobilen Sektor auf den stationären Sektor erfolgt. Damit ist aber noch keine gesamtheitliche Reduzierung des CO_2-Ausstoßes erreicht. Der Schlüssel dazu liegt im Umbau des Stromnetzes auf regenerativ erzeugte Energien. Mittelfristig ist der Umbau des Stromnetzes auf 100% erneuerbare Energie nicht möglich. Hierfür sind massentaugliche Speichertechnologien notwendig, die bisher nicht zur Verfügung stehen. Damit wird die Lösung des CO_2-Problems durch Einführung der Elektromobilität zunächst nur sehr bedingt erreicht. Des Weiteren sind die zur Herstellung einer Batterie entstehenden CO_2-Emissionen nicht außer Acht zu lassen, wie jüngst eine schwedische Studie zeigte [70].

Zusammenfassend bedeutet dies, dass die Verbrennungskraftmaschine ein wichtiger Bestandteil für unsere moderne Gesellschaft mit ihrem hohen Mobilitätsanspruch bleibt. Demzufolge ist eine kontinuierliche Weiterentwicklung der Verbrennungskraftmaschine, und damit auch des Dieselmotors, zum Schutz des Klimas unerlässlich.

Zu den Entwicklungsschwerpunkten moderner Dieselmotoren gehören vor allem:

- Optimierung des Brennverfahrens,
- Reibungsreduzierung,
- Elektrifizierung,
- Weiterentwicklung der Abgasnachbehandlungsanlage,
- Funktionsentwicklung und Regelkonzepte.

Das Ziel ist, Verbrauch, Emissionen, Komfort und Fahrdynamik zu verbessern. Dabei stehen die Emissionen besonders im Fokus, da nicht nur niedrigere Grenzwerte, sondern auch schärfere Prüfverfahren vom Gesetzgeber gefordert werden [24], [82].

© Springer Fachmedien Wiesbaden GmbH, ein Teil von Springer Nature 2019
L. Mathusall, *Potenziale des variablen Ventiltriebes in Bezug auf das Abgasthermomanagement bei Pkw-Dieselmotoren*, AutoUni – Schriftenreihe 137, https://doi.org/10.1007/978-3-658-25901-3_1

Diese Forderungen sind schon längst nicht mehr alleine durch eine Optimierung der Rohemissionen einzuhalten und können nur in Kombination mit modernen Abgasnachbehandlungsanlagen erfüllt werden. Zur Gewährleistung einer hohen Umsetzungsrate der Schadstoffe in der Abgasnachbehandlung ist die Abgastemperatur ein wichtiger Einflussfaktor. Für einen durchgängigen Betrieb und zur Sicherstellung niedrigster Emissionen ist es erforderlich, eine ausreichend hohe Abgastemperatur in allen Betriebszuständen zur Verfügung zu stellen. Prinzipbedingt ergibt sich jedoch beim Dieselmotor durch einen hohen Luftüberschuss sowie durch einen hohen Wirkungsgrad insbesondere bei niedrigen Lasten eine zu geringe Abgastemperatur. Es droht daher unter kalten Randbedingungen und bei niedrigen Lastkollektiven eine unzureichende Aktivität der Abgasnachbehandlung.

Ziel dieser Arbeit ist, mithilfe eines variablen Ventiltriebes eine Temperatursteigerung im temperaturrelevanten Kennfeldbereich für die relevanten Abgasnachbehandlungskomponenten zu erreichen und diese mit konventionellen Maßnahmen zu vergleichen. Damit soll geprüft werden, ob und inwieweit der Ventiltrieb zur Reduzierung der Schadstoffe in der Abgasnachbehandlung einen Beitrag leisten kann.

Dazu wird in Kapitel 2 zunächst auf die Grundlagen eingegangen. Hier sollen vor allem die Einflüsse der Ventilparameter sowie die wichtigen Einflussfaktoren der Abgasnachbehandlung thematisiert werden.

Nachdem in Kapitel 2 die Relevanz der Abgastemperaturanhebung herausgestellt wurde, soll der Begriff des Abgasthermomanagements in Kapitel 3, bei dem der Fokus auf der Beeinflussung der Abgastemperatur in den Abgasnachbehandlungskomponenten unter dynamischen Randbedingungen liegt, definiert werden. Gleichzeitig werden verschiedene Möglichkeiten und deren Stand der Technik aufgezeigt. In diesem Zusammenhang findet die Abgrenzung des in dieser Arbeit behandelten Themas und die Präzisierung der Aufgabenstellung statt.

Kapitel 4 beschreibt den Versuchsträger und die Versuchsmethodik.

Ein wichtiges Ziel dieser Arbeit ist die Quantifizierung der Temperatureinflüsse, die in dieser Form neuartig ist und in Kapitel 5 hergeleitet wird. Diese Methodik wird in Kapitel 6, in dem die stationären Untersuchungen im Fokus stehen, herangezogen. Hier werden die verschiedensten Temperaturmaßnahmen mittels variablem Ventiltrieb (VVT) ausgewertet und analysiert. Nach einer umfangreichen Analyse des Verbrauchs, der Emissionen und der Temperaturen findet eine Eingrenzung der Maßnahmen statt, die hinsichtlich der dynamischen Untersuchungen in Kapitel 7.1, 7.2, 7.3 und 7.4 detaillierter betrachtet werden.

Das Kapitel 8 betrachtet die Temperaturmaßnahmen im Kontext des Abgasthermomanagements. D. h. unter dynamischen Randbedingungen werden die Temperaturmaßnahmen hinsichtlich ihrer Effektivität bezüglich des Warmhaltens und des Aufheizens untersucht.

2 Grundlagen

2.1 Variabler Ventiltrieb am Dieselmotor

2.1.1 Einfluss der Ventilhubkurvenparameter auf den Ladungswechsel

Der Ventiltrieb umfasst die gesamte Einrichtung zur Betätigung der für den Ladungswechsel verantwortlichen Ventile. Die Ventilerhebung selber ist durch vier Parameter gekennzeichnet: die Steuerzeiten, die maximale Ventilerhebung, die Ventilhubfunktion sowie die Anzahl der Ventilerhebungen (Abbildung 2.1).

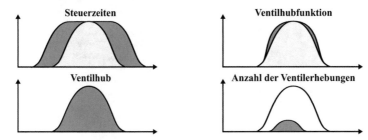

Abbildung 2.1: Parameter einer Ventilhubkurve, nach [34]

Die Wahl der Steuerzeiten für das Öffnen und das Schließen der Ventile, legen dabei die relative Lage zwischen Einlass- und Auslassventilerhebungskurven, die absolute Lage bezüglich der Kolbenstellung und die Öffnungsdauer fest. Die Angabe der Steuerzeiten erfolgt i. d. R. in Grad Kurbelwinkel ($°KW$) bezüglich der Totpunkte des Kolbens (oberer Totpunkt OT bzw. unterer Totpunkt UT). Im Folgenden, wenn nicht anders gekennzeichnet, beziehen sich die Zeitpunkte des Öffnens und Schließens auf einen Ventilhub von 1 *mm*.

Die Auslegung der Ventilerhebungskurven entscheidet über den Ladungswechsel und damit über die notwendige Arbeit sowie über den Zustand der Füllung (Menge, Zusammensetzung, Druck, Temperatur und Ladungsbewegung). Hieraus ergibt sich ein direkter Einfluss auf die motorische Verbrennung und somit auf die Zielgrößen Leistung, Verbrauch, Emissionen und Abgastemperatur.

Die optimale Auslegung der Parameter ist nicht nur von dem Betriebspunkt (Drehzahl und Last), sondern auch von der Betriebsart (Regeneration, Aufheizen usw.) abhängig. Eine Auslegung der Ventilhubkurvenparameter ohne Variabilität stellt daher nur einen Kompromiss dar. Im Folgenden soll auf die unterschiedlichen Einflüsse der Ventilhubkurvenparameter eingegangen werden.

© Springer Fachmedien Wiesbaden GmbH, ein Teil von Springer Nature 2019
L. Mathusall, *Potenziale des variablen Ventiltriebes in Bezug auf das Abgasthermomanagement bei Pkw-Dieselmotoren*, AutoUni – Schriftenreihe 137, https://doi.org/10.1007/978-3-658-25901-3_2

Auslass-Öffnen

Das Auslass-Öffnen (AÖ) markiert den Beginn des Ladungswechsels und damit das Ende des Arbeitstaktes (siehe Abbildung 2.2). I. d. R. liegt der Zeitpunkt des Auslass-Öffnens vor dem unteren Totpunkt und führt damit zu einem Expansionsverlust im Arbeitstakt. Weiterhin ergibt sich kurz nach dem unteren Totpunkt ein erhöhter Ausschiebeverlust, da das Ausströmen des Gases durch den aufwärtsbewegenden Kolben unterstützt wird. Eine Verschiebung des Auslass-Öffnens nach früh reduziert zwar den Ausschiebeverlust, erhöht jedoch auch gleichzeitig den Expansionsverlust, sodass für eine wirkungsgradoptimale Auslegung das Minimum aus beiden genannten Verlusten zu finden ist. Darüber hinaus lässt sich durch eine sehr frühe Lage des Auslass-Öffnens die Abgastemperatur erhöhen.

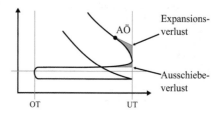

Abbildung 2.2: Einfluss Auslass-Öffnen im p-V-Diagramm

Auslass-Schließen

Das Auslass-Schließen (AS) beendet den Ausschiebetakt und beeinflusst damit die verbleibende Abgasmenge im Zylinder (siehe Abbildung 2.3). Hierbei entscheiden vor allem die absolute Lage zur Kolbenstellung und die relative Lage zum Einlass-Schließen über die Menge an Restgas. Zur Vermeidung einer Kollision zwischen Kolben und Ventil muss das Auslassventil bei Pkw-Dieselmotoren i. d. R. vor dem oberen Totpunkt des Kolbens (v. OT) geschlossen werden. Hierdurch ergibt sich zwangsläufig eine geringe Restgasmenge, die nicht nur die Zusammensetzung der Füllung beeinflusst, sondern auch die Kompressionsverluste. Durch die Nutzung von Ventiltaschen in den Kolben kann das Auslass-Schließen auch nach dem oberen Totpunkt stattfinden und so die Restgaskompression vermeiden sowie die Restgasmenge minimieren. Dies geschieht fast ausschließlich in Kombination mit einem Einlassventil, das bereits vor dem OT öffnet und dafür ebenfalls entsprechende Ventiltaschen im Kolben benötigt. Ventiltaschen wirken bezüglich einer ausgeprägten Ladungsbewegung negativ und sind aus diesem Grund zu vermeiden [50].

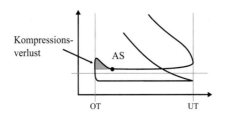

Abbildung 2.3: Einfluss Auslass-Schließen im p-V-Diagramm

Einlass-Öffnen

Das Einlass-Öffnen (EÖ) stellt den Beginn des Ansaugtaktes dar (siehe Abbildung 2.4). I. d. R. wird dieser Parameter symmetrisch zum Zeitpunkt des Auslass-Schließens bezüglich des OTs gelegt. Hierdurch kann das komprimierte Restgas infolge eines vor dem OT schließenden Auslassventils weitestgehend ohne Verlust expandieren. Dies führt zu geringen Verbräuchen. Ein asynchrones Öffnen des Einlassventils bezüglich des Auslass-Schließens führt zu einer Expansion der im Zylinder enthaltenden Ladung unterhalb des Ansaugdrucks. Diese erhöhte Druckdifferenz zwischen Zylinder und Saugrohr erzeugt beim Öffnen des Einlassventils eine zusätzliche Ladungsbewegung, die für die Gemischaufbereitung von Vorteil sein kann. Allerdings wird auf diese Weise die Ladungswechselarbeit und damit der Verbrauch erhöht.

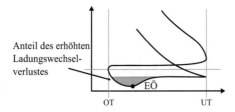

Abbildung 2.4: Einfluss Einlass-Öffnen im p-V-Diagramm

Einlass-Schließen

Das Einlass-Schließen (ES) beendet den Ansaugtakt und damit den Ladungswechsel (siehe Abbildung 2.5). Die Lage des Einlass-Schließens beeinflusst die Füllung und das effektive Verdichtungsverhältnis. Die Anwendung sehr später bzw. sehr früher Einlassschließzeitpunkte wird als Atkinson- bzw. Miller-Verfahren bezeichnet. Hier kommt es zu einer Reduzierung des effektiven Verdichtungsverhältnisses und damit zu einer Reduzierung der Verdichtungsendtemperaturen sowie der Verdichtungsenddrücke. Dies hat einen Einfluss auf die Emissionen. Zusätzlich erfolgt eine Füllungsreduzierung durch den verfrühten Abbruch des Ansaugtaktes bzw. durch den Wiederausschub der Zylinderladung. Die Füllungsreduzierung kann beim Dieselmotor zu einer Abgastemperaturanhebung genutzt werden. Ansonsten liegt die Position des Einlass-Schließens kurz nach dem UT, um den Liefergrad in der

Volllast zu maximieren. Hier führt die Trägheit der Luftsäule, die in den Zylinder strömt, auch bei leichter Aufwärtsbewegung des Kolbens, zum Nachladeeffekt. Dieser ist besonders bei ausgeprägten Saugrohrdruckpulsationen sehr einflussreich. Je später das Einlass-Schließen erfolgt, desto höher liegt die Drehzahl, bei der der Nachladeeffekt wirkt.

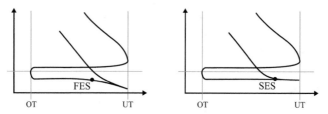

Abbildung 2.5: Einfluss Einlass-Schließen im p-V-Diagramm

Ventilhub

Der Ventilhub beeinflusst den Durchflussquerschnitt der ein- und austretenden Gasströmung. Damit bestimmt dieser Parameter die Druckverluste und die sich daraus ergebende Ladungswechselarbeit sowie den Massenstrom über die Ventile. Eine dadurch hervorgerufene Füllungsreduzierung kann bei Dieselmotoren zur Abgastemperaturanhebung genutzt werden. Weiterhin können über den Ventilhub die Ladungsbewegungen beeinflusst werden.

Anzahl der Ventilerhebungen

Unter normalen Umständen besitzt jedes Ventil während eines Zyklus eine Ventilerhebung. Diese wird als Haupthub bezeichnet. Es besteht jedoch die Möglichkeit, die Ein- bzw. Auslassventile ein zweites Mal zu öffnen (Zweithub). Dieser Zweithub wird zur Realisierung der internen Abgasrückführung genutzt (iAGR), kann aber auch zur Realisierung einer Restgasspülung verwendet werden.

Ventilerhebungsfunktion

Die Ventilerhebungsfunktion wird nicht explizit variiert, sondern ergibt sich durch die Auslegung der anderen Parameter unter Einhaltung der mechanischen Grenzen des Ventils und des Ventiltriebes. Häufig wird ein möglichst fülliger Nocken angestrebt, um über die gesamte Öffnungsdauer einen großen Durchflussquerschnitt zu gewährleisten. Zur Realisierung der gewünschten Ventilhubkurven sind allerdings die maximale Beschleunigung und Aufsetzgeschwindigkeit die limitierenden Faktoren [53].

2.1.2 Einteilung und Verfahren der Ventiltriebsvariabilität

Da die Auslegung der Parameter nur einen Kompromiss darstellt, ist für den optimalen Betrieb eine variable Anpassung dieser Parameter erforderlich. Zur Realisierung dieser Variabilität gibt es diverse konstruktive Lösungsansätze, die sich nach Bauart und Wirkprinzip einteilen lassen. Abbildung 2.6 zeigt nach [53] einen Überblick dieser Einteilung.

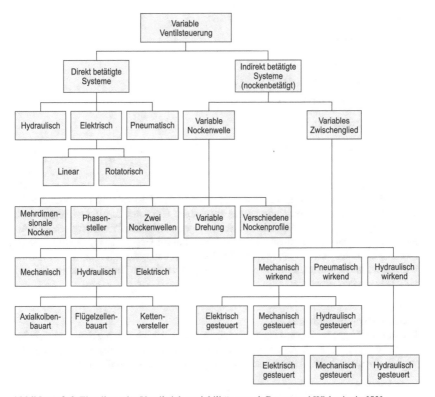

Abbildung 2.6: Einteilung der Ventiltriebsvariabilitäten nach Bauart und Wirkprinzip [53]

Auf die verschiedenen Möglichkeiten der in Abbildung 2.6 vorgestellten Variabilität soll nicht weiter eingegangen werden. Hierfür wird auf [29] und [53] verwiesen, in denen eine Vielzahl an Möglichkeiten zusammengetragen wurde.

Neben der konstruktiven Einteilung lassen sich die Variabilitäten auch nach dem Verfahren einteilen. Hierzu zählen:

- das frühe Auslass-Öffnen,

- die interne Abgasrückführung,

- die Restgasspülung,

- die Beeinflussung der Ladungsbewegung,

- das Miller/Atkinson-Verfahren,

- die Zylinderabschaltung.

Diese werden im Folgenden kurz beschrieben.

Frühes Auslass-Öffnen

Das frühe Auslass-Öffnen ist ein Verfahren, in dem das Auslassventil bewusst nach früh verstellt wird, um die Expansionsverluste anzuheben. Hierdurch findet eine Erhöhung der Abgastemperatur statt, da die nicht in Arbeit umgewandelte Kraftstoffenergie in den Auspuff gelangt. Damit unterscheidet sich das Verfahren im Gegensatz zur Optimierung des Auslassventils hinsichtlich des Verbrauchs. Ein Anwendungsbeispiel des frühen Auslass-Öffnens ist in der Motorfamilie Ingenium von Jaguar zu finden. Hier wird zur Realisierung ein Phasensteller verwendet [49].

Interne Abgasrückführung

Die interne Abgasrückführung (auch als innere Abgasrückführung bezeichnet) ist ein Verfahren, in dem Abgas durch geeignete Ventilsteuerzeiten dem Zylinder direkt zugeführt wird. Es lassen sich drei Arten der internen Abgasrückführung (iAGR) unterscheiden:

- die iAGR durch Vorlagern,

- die iAGR durch Rückhalten,

- die iAGR durch Rücksaugen.

Das Vorlagern bezeichnet Abgas, welches in das Saugrohr während des Ausschiebetaktes durch einen Zweithub des Einlassventils vom Zylinder in das Saugrohr eingebracht wird (Abbildung 2.7). Dieses wird in der anschließenden Ansaugphase dem Zylinder zurückgeführt. Das Rückhalten bezeichnet Abgas, das im Zylinder verbleibt, indem es am Ladungswechsel nicht beteiligt wird. Dies ist mindestens mithilfe eines frühen Auslass-Schließens, i. d. R. aber in Kombination mit einem späten Einlass-Öffen, also einer Ventilunterschneidung bzw. negativen Ventilüberschneidung, realisierbar (Abbildung 2.7). Das Rücksaugen bezeichnet Abgas, welches aus dem Krümmer in den Zylinder während des Ansaugtaktes zurückgesaugt wird. Dies lässt sich durch ein während des Ansaugens geöffnetes Auslassventil umsetzen, indem eine Ventilüberschneidung oder ein Zweithub des Auslassventils verwendet wird (Abbildung 2.7). Wichtig hierbei ist ein ausreichend hoher Abgasgegendruck gegenüber dem Saugrohrdruck, damit das Abgas zum Zeitpunkt, in dem beide Ventile offen sind, in den Zylinder zurückströmen kann.

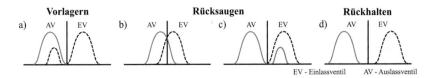

Abbildung 2.7: Möglichkeiten zur Umsetzung der iAGR (a) vorlagern, b) rücksaugen, c) rücksaugen, d) rückhalten) und zur Umsetzung von Restgasspülen (a), b), c))

Da die interne Abgasrückführung eine relativ heiße Abgasrückführung zur Senkung des Sauerstoffanteils darstellt, findet eine Anhebung der Prozesstemperaturen statt. Dadurch finden neben der Reduzierung der Stickstoffoxidemissionen eine Reduzierung der unverbrannten Kohlenwasserstoffe (HC) und eine Reduzierung der Kohlenstoffmonoxide (CO) sowie eine Anhebung der Abgastemperatur statt. Untersuchungen diesbezüglich wurden in [15], [20], [27], [37], [45], [56] und [78] durchgeführt. Es zeigte sich, dass die iAGR verbrauchsneutral umgesetzt werden. Hierzu ist beim Rückhalten unbedingt auf eine symmetrische Steuerzeit zwischen Auslass-Schließen und Einlass-Öffnen bezüglich des OTs zu achten, wie in [45] gezeigt wurde. Dennoch ergibt sich allgemein für die iAGR ein ungünstigerer Ruß-NOx-Trade-Off gegenüber einer externen Abgasrückführung, der auf die höhere Ladungstemperatur und damit kürzerer Zündverzugszeit sowie auf die negative Beeinflussung der Ladungsbewegungen zurückzuführen ist. Letzteres ist für die Verteilung der iAGR besonders wichtig, da eine Homogenisierung mit der Frischluft erst im Zylinder stattfinden kann. Anwendungsfälle der iAGR gibt es bereits bei Mazda und bei Mercedes. Mazda nutzt in seinen Skyactive Motoren, mit einem für Dieselmotoren sehr geringen Verdichtungsverhältnis, einen Auslasszweithub zur Verbesserung der Kaltstartfähigkeit [79]. Auch die Motoren (OM 656) von Mercedes verwenden einen zuschaltbaren Auslasszweithub, um die Abgastemperaturen im niedrigen Lastbereich anzuheben [51].

Weitere Ziele, die mit dem Verfahren iAGR verfolgt werden, sind die Steuerung homogener Dieselbrennverfahren [45] sowie die Möglichkeit zur transienten Emissionsreduzierung. Dabei wird die hohe Dynamik der iAGR genutzt, die schnell auf sich ändernde Anforderungen reagieren kann.

Restgasspülung

Die Restgasspülung (Scavenging) ist ein Verfahren, mit dem die Restgasmenge in einem Verbrennungsmotor minimiert werden soll. Dazu müssen zwei Voraussetzungen erfüllt sein. Erstens, es müssen Einlass- und Auslassventile zeitgleich geöffnet werden. Dies ist durch einen Zweithub des Ein- und/oder Auslassventils möglich oder aber durch die Realisierung einer Ventilüberschneidung (siehe dazu Abbildung 2.7). Zweitens, zu dem Zeitpunkt, in dem beide Ventile geöffnet sind, muss ein positives Spüldruckgefälle (Ladedruck > Abgasgegendruck) vorhanden sein. Bei Ottomotor wurde die Restgasspülung zur Anhebung des

Liefergrades und damit des Mitteldrucks genutzt [33]. Beim Pkw-Dieselmotor gibt es derzeit keine Umsetzung.

Beeinflussung der Ladungsbewegung

Die Beeinflussung der Ladungsbewegung ist durch eine Änderung der Einlassventilparameter möglich. Das Einlass-Schließen sowie die Ventilerhebung spielen eine entscheidende Rolle. Oftmals ist dabei die Kombination aus Ventiltriebsvariabilität und Auslegung der Einlasskanäle sowie die Verwendung von Sitzdrallfasen entscheidend. Dadurch gibt es die verschiedensten Möglichkeiten zur Beeinflussung der Ladungsbewegungen. So ist es z. B. möglich, durch ein spätes Einlass-Öffnen die Zylinderfüllung bei geschlossenen Ventilen unterhalb des Saugrohrdrucks zu expandieren. Die dadurch entstehende hohe Druckdifferenz zwischen Zylinder und Saugrohr führt beim Öffnen des Einlassventils zu einer erhöhten Strömungsgeschwindigkeit, die die Ladungsbewegung begünstigt. Eine andere Möglichkeit ergibt sich durch die Verwendung von Sitzdrallfasen. Diese erschließen ihre volle Wirkung erst bei kleinen Ventilhüben, sodass eine Variation des Hubes die Intensität der Ladungsbewegungen beeinflusst. Wird im Gegensatz dazu bei Verwendung von zwei Einlassventilen ein Einlasskanal als Füllungskanal und der andere als Tangential- bzw. Spiralkanal ausgelegt, reicht es aus, die Frischgasströmung über den Füllungskanal zu reduzieren. Damit wird die Strömung hauptsächlich über den Tangential- bzw. Spiralkanal geleitet, was zu einer intensivierten Ladungsbewegung führt. Um das zu erreichen, muss das Einlassventil im Füllungskanal einen reduzierten Hub bzw. im Extremfall einen Nullhub ausführen. Eine andere Möglichkeit zur Reduzierung des Frischgasmassenstroms über den Füllungskanal ist ein späteres Öffnen des im Füllungskanal enthaltenen Einlassventils, sodass zunächst die Frischluft lediglich über den Tangential- bzw. Spiralkanal einströmt. Alle Maßnahmen beeinträchtigen jedoch den Durchflussbeiwert und damit die Ladungswechselarbeit [39], [45], [69]. Ein Anwendungsfall zur Beeinflussung der Ladungsbewegung ist in den Volkswagen 2,0l Motoren der Baureihe EA288 zu finden. Hier wird ein spätes Einlass-Schließen auf einem Einlassventil durch einen Nockenwellenphasensteller in Kombination mit einem gedrehten Ventilstern realisiert [61].

Miller/Atkinson-Verfahren

Das Miller- bzw. Atkinson-Verfahren ist ein Verfahren, bei dem das Einlass-Schließen nach spät bzw. nach früh verstellt wird. Eine Spätverschiebung des Einlass-Schließens führt zum Ende des Ausschiebetaktes durch die Aufwärtsbewegung des Kolbens zu einem Rückschieben der Füllungsmasse aus dem Zylinder in das Saugrohr. Ein frühes Einlass-Schließen hingegen beendet den Ansaugtakt vorzeitig und expandiert die eingeschlossene Zylinderladung durch die Abwärtsbewegung des Kolbens bis zum UT. Dabei findet bei beiden Verfahren nicht nur eine Reduzierung des effektiven Verdichtungsverhältnisses statt, sondern auch eine drosselfreie Reduzierung der Füllung, sofern kein Ausgleich über den Ladedruck erfolgt. Ziel des Miller/Atkinson-Verfahrens ist eine Verbesserung des Ruß-NOx-Trade-Offs. Durch das reduzierte effektive Verdichtungsverhältnis sinken die Verdichtungsenddrücke und damit die Verdichtungsendtemperaturen, was eine geringere Stickstoffoxidbildung zur Folge hat. Weiterhin ergeben sich aufgrund der schlechteren Zündbedingungen verlängerte

Zündverzugszeiten. Die Folge daraus sind geringere Rußemissionen. Des Weiteren ist es, je nach genutztem AGR-System, möglich, durch den geringeren AGR-Bedarf die Ladungswechselarbeit und damit den Verbrauch zu reduzieren [15], [44], [73].

Zylinderabschaltung

Die Zylinderabschaltung (ZAS) ist ein Verfahren, bei dem einige Zylinder nicht an der Verbrennung teilnehmen. Das bedeutet, dass sowohl eine Deaktivierung der Ventilerhebungskurven als auch eine Deaktivierung der Einspritzung stattfindet. Dies führt bei Einhaltung eines bestimmten effektiven Drehmoments zur Lastpunktverschiebung der übriggebliebenen Zylinder. Ziel dieser Lastpunktverschiebung und damit der Zylinderabschaltung ist das Betreiben des Motors bei höheren Prozesstemperaturen mit höheren Abgastemperaturen sowie das Betreiben des Motors in wirkungsgradoptimalen Lastbereichen. Dennoch sind im Vergleich zum Ottomotor, bei dem sich die Zylinderabschaltung schon seit mehreren Jahren im Serieneinsatz befindet, deutlich geringere Verbrauchsvorteile zu erwarten. Grund dafür ist die mögliche Entdrosselung des quantitativ gesteuerten ottomotorischen Brennverfahrens, die beim qualitätsgesteuerten Dieselbrennverfahren nicht gegeben ist. Hier spielt lediglich der in sehr schwachlastigen Betriebspunkten vorhandene erhöhte Hochdruckwirkungsgrad eine Rolle. Die höheren Prozesstemperaturen führen zudem zu einer Reduzierung der HC-/CO-Emissionen, die vor allem vermehrt in niedrigen Lastbereichen auftreten. Weiterhin führen die höheren Prozesstemperaturen zu höheren Stickstoffoxidemissionen, die nur bedingt durch eine Abgasrückführung gemindert werden können. Grund dafür ist das geringe Verbrennungsluftverhältnis, das unter Einhaltung der Rußemissionen nur eine begrenzte Abgasrückführrate zulässt. Die Motivation der Zylinderabschaltung liegt damit bei Dieselmotoren in der beschriebenen Abgastemperaturanhebung [11], [58], [60].

2.2 Motorische Einflussgrößen zur Umsetzung der Schadstoffe in der ANB

Zur Einhaltung der Abgasgesetzgebung reicht eine Optimierung der Rohemissionen schon längst nicht mehr aus. Erst in Kombination mit einer Abgasnachbehandlungsanlage sind die gesetzlichen Grenzwerte erreichbar. Die Abgasnachbehandlungsanlage reinigt den Abgasmassenstrom durch Konvertierung, Speicherung und Filterung bestimmter Bestandteile. Das Einspeichern und Filtern erfordert in regelmäßigen Abständen ein Entleeren bzw. Regenerieren der entsprechenden Abgasnachbehandlungskomponenten. Ein wichtiges Ziel in der Entwicklung sauberer Verbrennungskraftmaschinen ist demnach das Sicherstellen der genannten Funktionen, um eine optimale Umsetzung der Schadstoffe in der Abgasnachbehandlungsanlage unter allen möglichen Betriebsbedingungen zu gewährleisten. Hierbei spielen folgende motorische Einflussfaktoren eine wichtige Rolle:

- Abgastemperatur,

- Raumgeschwindigkeit,

- chemische Zusammensetzung des Abgases.

Zur Beurteilung der Wirkung einer Abgasnachbehandlungskomponente, wird die Konvertierungsrate herangezogen:

$$\eta_{ANB} = \frac{Emissionen_{v.Kat} - Emissionen_{n.Kat}}{Emissionen_{v.Kat}} \cdot 100 \tag{2.1}$$

Des Weiteren stellt der Light-Off eine wichtige Größe zur Beschreibung der Aktivierung dar. Es handelt sich hierbei um die Temperatur, bei der eine Konvertierungsrate von 50% erreicht wird.

Folgende innermotorisch entstandenen Schadstoffe müssen dabei außermotorisch nachbehandelt werden:

- unverbrannte Kohlenwasserstoffe (HC) und Kohlenmonoxid (CO),

- Ruß,

- Stickstoffoxide (NO, NO_x).

Für die Umwandlung der verschiedenen Schadstoffe existieren in der Serie unterschiedliche Abgasnachbehandlungskomponenten. Diese werden im Folgenden benannt und hinsichtlich wichtiger motorischer Einflussfaktoren erläutert.

So wird für die Konvertierung der motorisch entstandenen HC- und CO-Emissionen ein Dieseloxidationskatalysator (DOC) verwendet. Dieser wandelt die Schadstoffe durch Verwendung des Restsauerstoffs in Wasser und in Kohlendioxid um. Der Einfluss von Temperatur und Raumgeschwindigkeit auf die Konvertierungsrate von Kohlenmonoxid und unverbrannten Kohlenwasserstoffe ist in Abbildung 2.8 beispielhaft dargestellt.

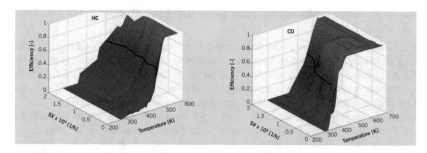

Abbildung 2.8: Konvertierungsrate des DOC von HC und CO in Abhängigkeit von Raumgeschwindigkeit und Temperatur [48]

Die Temperatur stellt dabei den Haupteinflussfaktor dar, während die Raumgeschwindigkeit die erreichbare Konvertierungsrate entlang der Temperaturen verschiebt. Der Einfluss der chemischen Zusammensetzung auf die Konvertierung ist vielfältig und wurde beispielsweise in [62] experimentell untersucht. So können z. B. hohe Konzentrationen an unverbrannten Kohlenwasserstoffen die Oxidation von Kohlenmonoxid in einem Oxidationskatalysator hemmen und umgekehrt. Andererseits fördert eine erhöhte Sauerstoffkonzentration die Umsetzung von unverbrannten Kohlenwasserstoffen und Kohlenmonoxid. Demnach ergeben sich je nach Abgaszusammensetzung und Raumgeschwindigkeit unterschiedliche Light-Off-Temperaturen zwischen $150 - 200°C$. Die maximalen Umsatzraten liegen für ausreichend hohe Abgastemperaturen bei über 90% [59].

Die Rußemissionen werden i. d. R. durch einen geschlossenen Partikelfilter aus dem Abgasmassenstrom entfernt. Hierbei findet eine mit motorischen Größen nicht beeinflussbare Einlagerung der Partikel statt. Ein geschlossenes Filtersystem erfordert jedoch eine Regeneration, die von den oben genannten Einflussfaktoren abhängig ist. Die Regeneration findet bei ausreichendem Restsauerstoffgehalt ($> 5\%$) in Temperaturbereichen ab $550°C$ bis $650°C$ statt, kann jedoch auch mit genügend hohen NO_2-Konzentrationen bereits ab $250°C$ bis $350°C$ erfolgen. Letzteres wird für CRT-Systeme (Continuously Regenerating Trap) genutzt, die im Gegensatz zu geschlossenen Partikelfiltern offene Systeme darstellen. Sie ermöglichen einen kontinuierlichen Abbrand der Partikel, unter der Vorraussetzung ausreichend hoher NO_2-Anteile und ausreichend hoher Temperaturen [59].

Zur außermotorischen Reduzierung der Stickstoffoxidemissionen sind derzeit zwei Systeme im Einsatz. Zum einen das aktive Selektive-Katalytische-Reduktions-System (SCR-System) und zum anderen der NO_x-Speicherkatalysator. Das aktive SCR-System benötigt zur Umsetzung der Stickstoffoxide sowohl Ammoniak (bereitgestellt durch eine Harnstofflösung) als Reduktionsmittel als auch ein geeignetes Verhältnis von NO_2 zu NO_x (50%). Dadurch ergeben sich unterschiedliche Temperaturanforderungen:

- für die Aufbereitung der Harnstofflösung zu Ammoniak (ab $250°C$),

- zur Realisierung des NO_2/NO_x-Verhältnisses in einem vorgeschalteten Katalysator ($180 - 230°C$),

- für die eigentliche Reduktion der Stickstoffoxide zu Stickstoff (zwischen $250°C$ und $450°$).

Letztere kann jedoch durch ein NO_2/NO_x-Verhältnis von 50% stark reduziert werden, sodass die Reaktionen bereits bei $170 - 200°C$ beginnen [59], [67]. Abbildung 2.9 zeigt für verschiedene NO_2/NO_x-Verhältnisse die temperaturabhängige Konvertierungsrate im SCR-System.

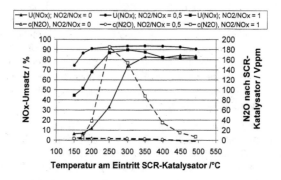

Abbildung 2.9: Konvertierungsrate (U) des SCR-Katalysators und NO$_2$-Konzentration (c) nach dem SCR-Katalysator in Abhängigkeit von Temperatur und in Abghängigkeit vom Verhältnis NO$_2$ zu NO$_x$ [28]

Der NOx-Speicherkatalysator entfernt ebenfalls die Stickstoffoxide aus dem Abgas, jedoch durch Herstellung einer festen, aber chemisch reversiblen Verbindung. Diese Verbindung entstehen innerhalb des Katalysatormaterials oder auf dessen Oberfläche. Die Oberflächenspeicherung ermöglicht eine Einlagerung der Stickoxide bereits bei sehr geringen Temperaturen, besitzt jedoch nur eine geringe Speicherfähigkeit. Der Temperaturbereich für die Volumenspeicherung liegt zwischen 250°C und 450°C [59], [67]. In Abbildung 2.10 ist ein exemplarischer Verlauf der Konvertierungsrate eines Speicherkatalysators über die Temperatur abgetragen.

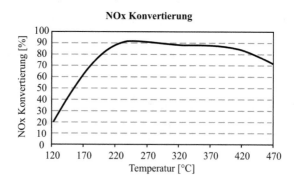

Abbildung 2.10: Konvertierungsrate des NO$_x$-Speicherkatalysators in Abhängigkeit der Temperatur nach [30]

Moderne Dieselmotoren besitzen eine komplexe Abgasnachbehandlung aus einem Dieseloxidationskatalysator, einem Dieselpartikelfilter und einem Abgasnachbehandlungssystem zur Umsetzung der NO_x-Emissionen. Letzteres ist in der Serie sehr divergent vertreten. Einige Konzepte nutzen einen NO_x-Speicherkatalysator, andere Konzepte ein SCR-System. Auch die Kombination aus beiden Systemen befindet sich im Einsatz. Hier wird eine hohe NO_x-Konvertierung im Niedrigtemperaturbereich durch den NO_x-Speicherkatalysator erreicht und im Hochtemperaturbereich durch das SCR-System. Weiterhin sind Konzepte, bestehend aus zwei SCR-Katalysatoren inklusive doppelter Harnstoffeindosierung, in Diskussion, die durch unterschiedliche Anordnung (motornah und im Unterboden) ebenfalls verschiedene Abgastemperaturbereiche für eine maximale Konvertierung abdecken sollen.

Damit ist die Abgastemperatur einer der wichtigsten Einflussfaktoren der Abgasnachbehandlung und ein wichtiger Optimierungsparameter für die Entwicklung sauberer Verbrennungskraftmaschinen. Ziel ist es, eine ausreichend hohe Temperatur an den Abgasnachbehandlungskomponenten zur Verfügung zu stellen, um die Konvertierung, die Einspeicherung sowie die Regeneration zu ermöglichen bzw. zu maximieren.

Für weitere Informationen hinsichtlich der verwendeten Materialen, Bauweisen und Funktionsweisen wird auf folgende Literaturstellen verwiesen [57], [59], [62], [67], [68].

3 Abgasthermomanagement

3.1 Definition des Abgasthermomanagements

Das Bereitstellen der richtigen Temperatur im Motorbetrieb an den Abgasnachbehandlungskomponenten wird als Abgasthermomanagement bezeichnet. Hierbei sind vier verschiedene Betriebsarten zu unterscheiden (siehe Abbildung 3.1).

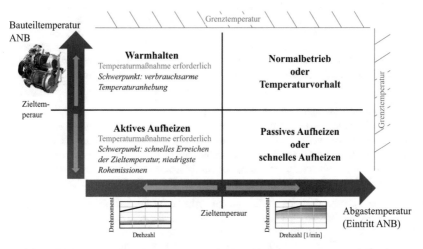

Abbildung 3.1: Unterscheidung der Betriebsarten des Abgasthermomanagements nach Gaseintritts- und Bauteiltemperatur

Die Unterscheidung der Betriebsarten erfolgt in Abhängigkeit von der Gaseintrittstemperatur (Abszisse) und der Bauteiltemperatur (Ordinate). Diese werden im Folgenden erläutert.

Warmhalten

Das Warmhalten bzw. Temperaturhalten ist dadurch gekennzeichnet, dass die Bauteiltemperatur mindestens der Zieltemperatur entspricht und die Gaseintrittstemperatur unterhalb der Zieltemperatur liegt. Damit ist der Betrieb der Abgasnachbehandlungskomponenten zunächst sichergestellt. Jedoch droht aufgrund der zu geringen Gaseintrittstemperatur ein Auskühlen. Eine Temperaturmaßnahme ist deshalb erforderlich und zwar bei möglichst geringem Verbrauch. Die Priorität des Rohemissionsniveaus ist in dieser Phase zweitrangig, da eine aktive Abgasnachbehandlung (ANB) zur Verfügung steht.

© Springer Fachmedien Wiesbaden GmbH, ein Teil von Springer Nature 2019
L. Mathusall, *Potenziale des variablen Ventiltriebes in Bezug auf das Abgasthermomanagement bei Pkw-Dieselmotoren*, AutoUni – Schriftenreihe 137,
https://doi.org/10.1007/978-3-658-25901-3_3

Normalbetrieb oder Temperaturvorhalt

Der Normalbetrieb ist dadurch gekennzeichnet, dass sowohl die Bauteiltemperatur als auch die Gaseintrittstemperatur oberhalb der Zieltemperatur liegen. Es ist keine Temperaturmaßnahme erforderlich. Findet trotzdem eine Temperaturmaßnahme statt, so wird von Temperaturvorhalt gesprochen. Eine anschließende Abkühlphase bis unterhalb der Zieltemperatur wird dadurch verzögert. Jedoch sind zur Vermeidung thermischer Schäden maximale Temperaturgrenzen einzuhalten.

Aktives Aufheizen

Das aktive Aufheizen ist dadurch gekennzeichnet, dass sowohl die Bauteiltemperatur als auch die Gaseintrittstemperatur unterhalb der Zieltemperatur liegen. In diesem Fall ist eine Temperaturmaßnahme notwendig, um Wärmeenergie in das Bauteil zu übertragen und die Zieltemperatur schnellstmöglich zu erreichen. Hier sind vor allem niedrigste Rohemissionen gefordert, da eine aktive ANB nicht vorhanden ist. Aufgrund der zu erwartenden geringen Häufigkeit dieses Betriebszustandes rückt der Verbrauch etwas in den Hintergrund.

Passives Aufheizen oder schnelles Aufheizen

Das passive Aufheizen ist dadurch gekennzeichnet, dass zwar die Bauteiltemperatur unterhalb der Zieltemperatur, jedoch die Gaseintrittstemperatur ohne Temperaturmaßnahme oberhalb der Zieltemperatur liegt. Eine Maßnahme zum Erreichen der Zieltemperatur ist theoretisch nicht notwendig. Wird dennoch eine Temperaturmaßnahme eingesetzt, wird das passive Aufheizen beschleunigt. Dies wird als schnelles Aufheizen bezeichnet.

Als Zieltemperatur sind hier die Temperaturbereiche für die katalytischen Reaktionen im DOC sowie im SCR zu fokussieren. Diese wurden in Kapitel 2.2 vorgestellt. Oftmals wird die Light-Off"=Temperatur herangezogen, die dadurch definiert ist, dass eine Konvertierungsrate (nach Gl. 2.1) von 50% erreicht wird. Dies kennzeichnet lediglich den Zeitpunkt des Anspringens der Abgasnachbehandlungsanlage und kann deshalb für das Aufheizen verwendet werden. Für diese Arbeit wurde eine Light-Off-Temperatur von $160°C$ angesetzt. Das Warmhalten betrachtet jedoch einen Betriebszustand, der im Fahrzeugbetrieb häufig auftreten kann und selbst unter diesen Umständen eine hohe Konvertierungsrate erfordert. Anderenfalls können die zukünftigen Emissionsziele nicht eingehalten werden. Aus diesem Grund ist die Light-Off-Temperatur nicht ausreichend, sodass eine Zieltemperatur in der Abgasnachbehandlungsanlage von $200°C$ anvisiert wird.

3.2 Überblick des Abgasthermomanagements

Nachdem die Begrifflichkeiten des Abgasthermomanagements definiert wurden, soll ein kurzer Überblick über die Möglichkeiten zur Umsetzung gegeben werden. Anschließend erfolgt eine Abgrenzung der in dieser Arbeit betrachteten Thematik.

In Abbildung 3.2 sind die Maßnahmen zur Realisierung des Abgasthermomanagements zusammengetragen und kategorisiert. Diese Maßnahmen zielen darauf ab, die erforderliche

Abgastemperatur auch unter zukünftigen Randbedingungen zu erreichen. Die Herausforderungen sind neben den $-7°C$-Kaltstart-Tests der sich weiter reduzierende Kraftstoffverbrauch und die damit verbundene reduzierte Abgasenergie, die Vergrößerung der ANB-Volumina sowie die Hybridisierung, die auch in Dieselmotoren Einzug halten wird.

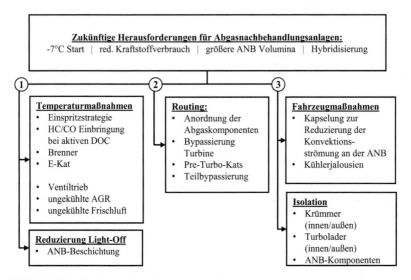

Abbildung 3.2: Maßnahmen des Abgasthermomanagements

Die Einteilung findet in drei Kategorien statt.

In der ersten Kategorie sind die Maßnahmen zusammengefasst, die dazu dienen, die Differenz zwischen der geforderten Abgastemperatur, also der Zieltemperatur und der Ist-Temperatur, aufzuheben. Dies kann durch Absenkung der Zieltemperatur oder aber durch Anhebung der Ist-Temperatur erfolgen.

Eine Reduzierung der Zieltemperatur ist durch Optimierung der ANB-Komponenten, insbesondere durch Optimierung des Aufbaus und der Beschichtung, möglich. [31] zeigt beispielsweise durch Anpassung der Platinbeschichtung und durch Einsatz von Barium eine Ausweitung der Konvertierungsrate bezüglich des Temperaturbereichs eines NO_x-Speicherkatalysators.

Eine Anhebung der Ist-Temperatur kann durch Temperaturmaßnahmen erfolgen, die zu einer Temperaturanhebung entlang des Abgaspfades führen. Hierzu gehören Maßnahmen, die den Gaspfad beeinflussen. Ein Beispiel dafür ist der variable Ventiltrieb. Auf diese Möglichkeit der Temperaturanhebung wird im Zuge der Themenabgrenzung näher eingegangen (Kapitel 3.3). Weitere Maßnahmen sind Abgasrückführungssysteme (Hochdruck-, Mitteldruck-, Niederdruckabgasrückführung) in ungekühlter Ausführung oder aber eine Bypassierung des

Ladeluftkühlers von aufgeladenen Motoren. Diese Maßnahmen führen zum Anstieg der Ladungstemperatur und damit zur Anhebung der Abgastemperatur.

Es sind aber auch Temperaturmaßnahmen denkbar, die aktiv Energie in das Abgas einbringen. Eine Möglichkeit ist die Anpassung der Einspritzstrategie, wie die Verschiebung der Verbrennungsschwerpunktlagen oder die Nutzung von Nacheinspritzungen. Beide Maßnahmen rufen eine späte, Abgastemperatur erhöhende Verbrennung hervor. Die Nacheinspritzung bietet durch die Wahl ihrer Position zwei Varianten zur Anhebung der Abgasenergie. Zum einen kann eine Anhebung der Abgasenthalpie durch eine nahe an der Hauptverbrennung angelagerte und im Brennraum vollständig umgesetzte Nacheinspritzung erfolgen. Zum anderen kann eine Anhebung der chemisch gebundenen Energie im Abgas durch eine späte unvollständig verbrannte Nacheinspritzung realisiert werden. Diese im Abgas enthaltende chemisch gebundene Energie wird dann in einem aktiven Dieseloxidationskatalysator in thermische Energie umgewandelt und führt zu einer Temperaturanhebung der nachfolgenden ANB-Komponenten. Der Nachteil dieser Nacheinspritzungen ist die erhöhte Ölverdünnung [81], die auch zu Schäden am Triebwerk führen kann. Eine ähnliche Methode ist die zusätzliche Einbringung von HCs in den Abgasstrang durch eine zusätzliche Dosiereinheit. Die HCs können durch eine entsprechende Vorrichtung direkt verbrannt [22] oder aber in einem aktiven Oxidationskatalysator umgesetzt werden. Diese Möglichkeit schließt eine Ölverdünnung aus.

Eine weitere Möglichkeit, Energie in das Abgas einzubringen, sind elektrisch beheizte Katalysatoren. Hier wird die elektrische Energie direkt in der ANB in Wärme umgewandelt. Da eine moderne Abgasnachbehandlung eines Dieselmotors aus mehreren ANB-Komponenten besteht (NOx-Speicherkatalysator, Oxidationskatalysator, Hydrolysekatalysator, Partikelfilter, selektiver Reduktionkatalysator für Stickstoffoxide) ist die Positionierung eines elektrischen Katalysators und damit die verfolgte Strategie sehr unterschiedlich [10], [48], [54].

Des Weiteren ist auch die Kombination aus der Einbringung von elektrischer Energie und chemischer Energie möglich. Die elektrische Energie wird dabei zur Aktivierung des Oxidationskatalysators genutzt, die, sobald die Aktivierung abgeschlossen ist, durch Einbringung von chemischer Energie unterstützt oder sogar abgelöst wird.

Im Prinzip führen aber alle diese Maßnahmen, in dem aktiv Energie dem Abgas zugeführt wird, zwangsläufig zu einer Verbrauchsanhebung. Daher sind diese Maßnahmen nur sehr gezielt einzusetzen.

Die zweite Kategorie stellt Maßnahmen dar, die die Gasführung im Abgasstrang beeinflussen. Dadurch sollen gezielt bestimmte Wärmesenken im Abgasstrang zwischen Motoraustritt (Wärmequelle) und Zielkomponente reduziert und/oder umgangen werden. Es findet dabei eine Konzentration der verfügbaren Abgasenergie auf bestimmte Bereiche des Abgasstranges statt.

Eine Maßnahme ist die motornahe Position der kompletten Abgasnachbehandlung, die sich bereits flächendeckend im Pkw-Bereich durchgesetzt hat (z. B. in [21], [61], [76], [77]).

Eine weitere Möglichkeit zur Konzentration der vorhandenen Abgasenergie auf die ANB stellt die Bypassierung der Abgasturbine dar. Hierdurch wird die Temperatursenke zum

Ladedruckaufbau umgangen. Diese führt, wie beispielweise in [75] gezeigt, zwar zu einer Temperatursteigerung, allerdings wurde eine Bypassierung der Turbine hinsichtlich der dadurch gesteigerten Stickstoffoxidkonvertierung als nicht ausreichend bewertet.

Die Wärmesenke über die Abgasturbine kann aber durch die Positionierung der ANB-Komponenten vor die Turbine vermieden werden. Nachteilig zeigt sich jedoch das dynamische Verhalten, da der Abgasturbine eine geringere Temperatur zur Verfügung steht. Hier sind Maßnahmen, wie 2-stufige-Aufladekonzepte, elektrisch unterstützte Aufladesysteme oder aber zusätzliche elektrische Antriebssysteme erforderlich [75], [86]. Weiterhin sind die hohen thermischen Belastungen nahe der Volllast zu berücksichtigen, die zum einen die spezifische Leistung begrenzen und zum anderen eine schnelle Alterung der Komponenten hervorrufen. Eine Bypassierung der Pre-Turboanordnungen ist hier denkbar. Ein Vorteil der Methoden aus Kategorie 2 ist das verbrauchsneutrale Verhalten.

Die dritte Kategorie fasst alle Maßnahmen zusammen, welche die Wärmeverluste aus dem Abgasstrang an die Umgebung betreffen. Hierzu zählen sämtliche Isolationsmaßnahmen (innen, außen) am Abgasstrang selber sowie auch fahrzeugseitige Maßnahmen, die im Allgemeinen die Konvektionsströmung um den Abgasstrang herum reduzieren. Dies sind insgesamt verbrauchsneutrale Maßnahmen.

Isolationen werden i. d. R. mithilfe von Fasermatten oder Luftspaltkonstruktionen an allen möglichen Bauteilen des Abgasstrangs umgesetzt. Dies sind im Wesentlichen Krümmer, Turbine und ANB-Komponenten [12], [47], [52]. Sie lassen sich teilweise als Innen- bzw. Außenisolierungen umsetzen. Dabei besitzen Innenisolierungen den Vorteil, dass sie die thermischen Massen der Bauteile vom Abgasmassenstrom entkoppeln. Dies kann vor allem bei Kaltstarts von Vorteil sein.

Weitere denkbare Maßnahmen zur Reduzierung der Wärmeverluste aus dem Abgas wären die Nutzung von Kühlerjalousien oder aber die thermische, Kapselungen der Abgasnachbehandlung bzw. des Motorraums [55]. Das Prinzip dahinter ist, wie erwähnt, eine Reduzierung der Konvektionsströmung am Abgasstrang.

3.3 Stand der Technik und Zieldefinition der Arbeit

Ziel dieser Arbeit ist, durch Beeinflussung des Gaspfades die Abgastemperatur auf das für die katalytischen Reaktionen (für die HC-/CO- und Stickstoffoxidumsetzung) relevante Temperaturniveau anzuheben, um eine höhere Konvertierung im DOC und SDPF zu ermöglichen. Der Schwerpunkt liegt vor allem bei den Methoden, die durch einen variablen Ventiltrieb realisierbar sind. Damit ist die Thematik der Kategorie eins aus Kapitel 3.2 (siehe Abbildung 3.2) zuzuordnen. Diese gilt es, im Kontext mit konventionellen Maßnahmen, wie der ungekühlten Hochdruckabgasrückführung und der Füllungsreduzierung, zu vergleichen. Hierzu gibt es bereits diverse Untersuchungen, die im Folgenden zusammengefasst werden.

In [27] fanden Untersuchungen an einem hydraulischen variablen Ventiltrieb zur Steigerung der Abgastemperaturen an einem Einzylinder-Nutzfahrzeug-Motor statt (Hubraum

$= 1,583\ l$). Die Maßnahmen wurden in drei Kategorien hinsichtlich ihrer Wirkung unterteilt: Maßnahmen mit Füllungsverringerung, erhöhtem Restgasanteil und Hochdruckwirkungsgradabsenkung. Dabei standen folgende Steuerzeiten im Fokus: frühes Einlass-Schließen, spätes Einlass-Schließen, negative Ventilüberschneidung und frühes Auslass-Öffnen. Vor allem das späte Einlass-Schließen wurde durch eine Temperaturanhebung bei günstigerem Verbrauch in Kombination mit einer Abgasmassenstromreduzierung hervorgehoben. Allerdings zeigte sich bei zu niedrigen Lasten ein nicht zufriedenstellender Motorbetrieb aufgrund schlechter Zündbedingungen infolge der Verdichtungsabsenkung. Zwar konnten auch mit der negativen Ventilüberschneidung und dem frühen Auslass-Öffnen gute Temperaturanhebungen erzielt werden, allerdings bot keine der untersuchten Maßnahmen bei sehr niedrigen Lasten eine genügend hohe Temperaturanhebung, sodass die Abgastemperaturanhebung mittels variablem Ventiltrieb als alleinige Maßnahme für nicht ausreichend bewertet wurde.

Ähnliche Untersuchungen erfolgten in [15] an einem Einzylinder"=Pkw-Motor (Hubraum $= 0,474\ l$). Hier wurden verschiedene Varianten zur Realisierung der internen Abgasrückführung untersucht (siehe dazu auch [45] und [78]), aber auch die Kombinationen aus Einlass- und Auslass-Phasensteller, frühem Auslass-Öffnen und spätem Einlass-Öffnen sowie frühem Auslass-Öffnen und spätem Einlass-Schließen. Die Maßnahmen wurden hinsichtlich eines Kennwertes bewertet, der eine gleichwertige Betrachtung von Temperaturänderung, Verbrauchsänderung und Raumgeschwindigkeitsänderung ermöglicht. Das späte Einlass-Öffnen wurde als effektive Temperaturmaßnahme hervorgehoben. Hierfür ist die Wärmeladung infolge der erhöhten kinetischen Energie der Frischluftmasse verantwortlich. Dies führte allerdings ebenso zu einer höheren Ladungswechselarbeit und damit zu einem beachtlichen Verbrauchsanstieg.

In [80] sind Untersuchungen zur Abgastemperaturanhebung mittels variablem Ventiltrieb an einem schweren und mittelschweren Nutzfahrzeugmotor (Hubraum $15\ l$ und Hubraum $7\ l$) durchgeführt worden. Im Fokus dieser Arbeit standen das frühe Auslass-Öffnen, das frühe Einlass-Schließen, das späte Einlass-Schließen und die Zylinderabschaltung. Während das späte Auslass-Schließen eine Temperaturanhebung zwischen 30 und 80 K bei gleichzeitigem Verbrauchsanstieg von $12-22\%$ hervorbrachte, stellte sich die Zylinderabschaltung mit einer Temperaturanhebung von ca. 100 K und einer Verbrauchsreduzierung von bis zu 25% als sehr effiziente Abgastemperaturmaßnahmen heraus. Das Miller- und Atkinson- Verfahren konnte auch in dieser Untersuchung eine nicht ausreichende Temperaturanhebung bei leichten Verbrauchsvorteilen von $3-4\%$ erreichen.

Weitere Untersuchungen zu den VVT-Temperaturmaßnahmen wurden in [14], [20] ebenfalls an einem Einzylinder-Pkw-Motor durchgeführt. Hier wurden die VVT-Varianten frühes Auslass-Öffnen, interne Abgasrückführung durch Rücksaugen, Vorlagern und Rückhalten sowie die Variante spätes und frühes Einlass-Schließen in einem Leerlaufbetriebspunkt untersucht. Vergleichend dazu fanden eine Betrachtung der Verbrennungsschwerpunktlagenvariation sowie eine Betrachtung der Nacheinspritzung statt. Die Verschiebung der Verbrennungsschwerpunktlage ist nur bedingt möglich, da die Stabilität der Verbrennung mit sehr späten Lagen sinkt. Diesbezüglich erwies sich die Nacheinspritzung als effektiver. Beide Varianten zeigten jedoch einen deutlichen Verbrauchsanstieg zur Anhebung der Abgastemperatur, die für das frühe Auslass-Öffnen durch die geringere HC-/CO-Emissionen niedriger ausfiel. Insgesamt konnte das frühe Auslass-Öffnen durch eine Verbrauchsanhebung die Temperatur um etwa 80 K steigern. Eine drosselfreie Füllungsreduzierung zur Abgastemperaturanhebung, wie sie durch das späte und frühe Einlass-Schließen realisiert wurden, zeigte sich aufgrund der deutlich schlechteren Zündbedingungen als nicht zielführend. Die interne Abgasrückführung durch Rücksaugen erwies sich als beste Variante der untersuchten AGR-Strategie zur Temperatursteigerung mit einer verbrauchsneutralen Abgastemperaturanhebung von 35 K. Daher wurde in [20] eine schaltbare Kombination aus frühem Auslass-Öffnen zur Realisierung des Aufheizens, und einem Auslasszweithub zur Realisierung der nachgelagerten SCR-Heizmaßnahme, vorgeschlagen.

Weitere Untersuchungen zum Thema VVT-Temperaturmaßnahmen fanden in [37], [38] und [65] statt. Hier wurde eine Vielzahl an Variabilität zunächst simulativ betrachtet, in der die Ventilparameter Steuerzeiten und Hub zur Anhebung der Abgastemperaturen genutzt wurden. Aus diesen Untersuchungen gingen in [37] drei grundlegende Effekte zur Abgastemperatursteigerung hervor: Erhöhung der Hochdruckarbeit mittels steigendem Ladungswechsel, Erhöhung der Verluste in der Hochdruckschleife und innere Abgasrückführung. Eine verkürzte Expansion durch ein frühes Auslass-Öffnen stellte sich als effektivste Maßnahme zur Temperaturanhebung dar, allerdings unter hohem Verbrauchsanstieg. Zusätzlich zeigt die gleichzeitige Phasenverschiebung von Einlass- und Auslassventil (iAGR durch Abgasrückhalten) eine deutliche Temperaturanhebung bei geringem Kraftstoffmehrverbrauch, die zusätzlich eine Reduzierung der HC-/CO-Emissionen um bis zu 70% erwirkt. Aus diesen Erkenntnissen ergab sich in Literatur [18], [19] ein abgeleiteter variabler Ventiltrieb. Dieser besteht aus einem Auslassphasensteller und einer diskreten Umschaltung auf der Einlassseite. Einlassseitig wurden verschiedene Umschaltungsvarianten untersucht. Dazu zählen die Umschaltung auf einen reduzierten Einlasshub, die Umschaltung auf einen reduzierten Einlasshub mit Verschiebung der Phasenlage und die Umschaltung auf einen reduzierten Einlasshub mit spätem Einlass-Öffnen. Auf Basis stationärer DoE-Messungen wurden die dynamischen Untersuchungen zu diesen Varianten an einem Fahrzeug durchgeführt. Hier stellte sich der optimierte Auslassphasensteller in Kombination mit einem hubreduzierten Einlassventil, inkl. eines späten Einlass-Öffnens, als zielführend heraus. Bei dieser Kombination wird ein leicht verfrühtes Auslass-Öffnen mit einer internen Abgasrückführung durch Rückhalten und einem zur Erhöhung der Ladungsbewegung parametrierten Einlassventil vereint. Dadurch konnte nicht nur die Konvertierung im DOC infolge einer Abgastemperaturanhebung verbessert werden, sondern auch die Rohemissionen. Temperaturanhebungen bis 40 K bei reiner auslassseitiger Phasenverstellung und bis 15 K in Kombination mit einem späten Einlass-Schließen konnten unter dynamischen Bedingungen im WLTP, unter Einhaltung der EU6-Grenzwerte, nachgewiesen werden.

Die Aufgabe dieser Arbeit besteht unter anderem darin, die Wirkmechanismen der Abgastemperaturanhebung genauer zu betrachtet. Dazu soll zunächst ein Überblick über die Einflüsse zusammengetragen werden. Hierzu gibt es bereits Ansätze in [15], [27] und [37]. Die darauf gestützte quantitative Beschreibung bestimmter Einflüsse bezüglich der Abgastemperatur stellt einen wichtigen Punkt dieser Arbeit dar, um das Verständnis bezüglich der VVT-Temperaturmaßnahmen zu erweitern.

Ein weiterer Schwerpunkt liegt in der Beurteilung der Temperaturmaßnahmen unter dynamischen Randbedingungen. Hierzu ist eine Klassifizierung der Randbedingungen in unterschiedliche Betriebsarten des Abgasthermomanagements, wie das Warmhalten und das Aufheizen, erforderlich.

Anschließend kann durch die ermittelten Wirkmechanismen der VVT-Temperaturmaßnahmen und die identifizierten Anforderungen des Abgasthermomanagements eine gezielte Untersuchung stattfinden, um so den Einfluss und die Effektivität der VVT-Temperaturmaßnahmen in dynamischen Versuchen darzustellen und zu beurteilen.

Für eine gute Übertragbarkeit und eine möglichst genaue Interpretation der Ergebnisse ist es wichtig, möglichst wenige Effekte und damit auch Steuerzeitenvariationen zu kombinieren. Daher erfolgen die Untersuchungen der VVT-Maßnahmen in möglichst reiner Form. Dies gilt sowohl für die stationären als auch für die dynamischen Untersuchungen.

Um das Potenzial der VVT-Temperaturmaßnahmen hinsichtlich des Abgasthermomanagements gut beurteilen zu können, ist es notwendig, einen temperaturrelevanten Zyklus zu verwenden. Aus diesem Grund wird der Stadtteil des NEFZ verwendet, der sowohl niedrige Lasten als auch lange Stillstandszeiten aufweist.

Ziel ist es, das Potenzial des variablen Ventiltriebes hinsichtlich des Abgasthermomanagements (Warmhalten und Aufheizen) zu beurteilen.

3.4 Untersuchung der Einflussparameter des Abgasthermomanagements

Die Untersuchungen beschränken sich auf die wichtigsten Betriebsarten, bei denen eine Temperaturanhebung zwingend erforderlich ist. Dazu gehören das Warmhalten und das aktive Aufheizen (nachfolgend kurz als Aufheizen bezeichnet). Für das Aufheizen und das Warmhalten sind zwei Einflussfaktoren entscheidend:

- die Motoraustrittstemperatur,
- der Abgasmassenstrom.

Die Motoraustrittstemperatur entscheidet nach entsprechenden Temperatursenken (wie Krümmer, Turbine und Verbindungsrohre) über das Temperaturniveau in den Abgasnachbehandlungskomponenten. Der Abgasmassenstrom ergibt zusammen mit der Temperatur den thermischen Enthalpiestrom durch die Abgasnachbehandlung (ANB) und ist damit für die dynamischen Vorgänge entscheidend. Der Massenstrom ermöglicht es, Energie in der ANB zu verteilen.

Zur Beurteilung der Parameter werden am Versuchsträger 288BiT (Beschreibung des Versuchsträgers erfolgt in Kapitel 4.1) ein Versuch für das Aufheizen und ein Versuch für das Warmhalten durchgeführt. Dazu werden, ausgehend von einer etwa $50°C$ kalten Abgasanlage (Aufheizen) bzw. ausgehend von einer etwa $300°C$ heißen Abgasanlage (Warmhalten), verschiedene positive Temperatursprünge (Aufheizen) bzw. negative Temperatursprünge (Warmhalten) bei verschiedenen Abgasmassenströmen untersucht.

Die Ergebnisse sind dahingehend ausgewertet, dass in Abhängigkeit von Motoraustrittstemperatur und Abgasmassenstrom die Zeit in Sekunden angegeben ist, nach der an ausgewählten Abgastemperaturmessstellen die Zieltemperatur überschritten (Aufheizen) bzw. unterschritten (Warmhalten) wird (Abbildung 3.3).

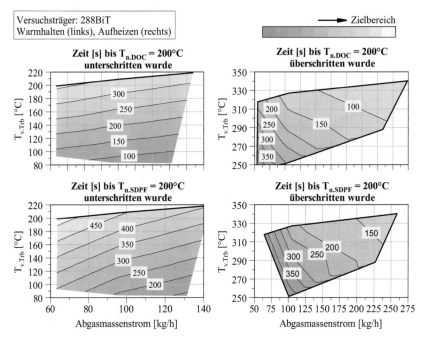

Abbildung 3.3: Zeit bis zur Unterschreitung der Zieltemperatur $200°C$ (links) und Zeit bis zur Überschreitung der Zieltemperatur $200°C$ (rechts) in Abhängigkeit vom Abgasmassenstrom und von der Motoraustrittstemperatur

Beim Warmhalten zeigt sich der erwartete Zusammenhang, dass niedrige Motoraustrittstemperaturen und hohe Abgasmassenströme ein Auskühlen der ANB begünstigen. Dabei erfolgt bei hohen Abgasmassenströmen nicht nur ein Wärmeverlust an die Umgebung, sondern ein zusätzlicher Wärmeverlust in den kalten Abgasmassenstrom. Dies beschleunigt das Auskühlen. Demzufolge ist es notwendig, bei nicht ausreichenden Motoraustrittstemperaturen eine Reduzierung des Abgasmassenstroms zu erwirken. Hierdurch ist es möglich, kühlere Phasen im Motorbetrieb zeitweise zu überbrücken und die Konvertierung der ANB aufrechtzuerhalten. Dass trotz Motoraustrittstemperaturen von über $200°C$ eine Auskühlung der ANB unterhalb von $200°C$ möglich ist, ergibt sich durch die Temperatursenken im Abgasstrang (Krümmer, Turbinen, Rohrverbindungen usw.).

Auch beim Aufheizen zeigt sich der erwartete Zusammenhang, dass hohe Motoraustrittstemperaturen und hohe Abgasmassenströme ein Aufheizen begünstigen. Hier trägt ein erhöhter Massenstrom zu einer höheren Enthalpie bei, sodass mehr Energie in die ANB eingetragen wird. Um zu beurteilen, ob eine Massenstromerhöhung bei gleichbleibender Temperatur effektiver bzw. weniger effektiv als eine Temperaturanhebung bei gleichbleibendem Massenstrom ist, sind die Messungen aus Abbildung 3.3 (rechts) in die Abbildung 3.4 transformiert.

In Abbildung 3.4 ist die Zeit bis zum Erreichen der Zieltemperatur in Abhängigkeit von der Abgasenthalpie für verschiedene Motoraustrittstemperaturen dargestellt.

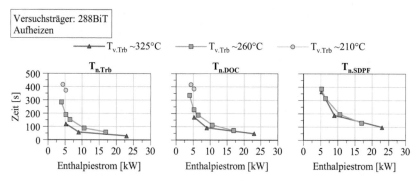

Abbildung 3.4: Aufheizzeit in Abhängigkeit der thermischen Abgasenthalpie bei verschiedenen Motoraustrittstemperaturen

Zu erkennen ist, dass mit höherer Enthalpie die Zeit bis zum Erreichen der Zieltemperatur sinkt. Dabei ist die Aufheizzeit bei gleicher Enthalpie für höhere Temperaturen und damit zwangsläufig für kleinere Massenströme geringer als bei kleinerer Temperatur mit entsprechend höheren Massenströmen. Für das Aufheizen ist die Motoraustrittstemperatur damit gegenüber dem Abgasmassenstrom entscheidender. Dieses Verhalten ändert sich jedoch stromabwärts der Abgasanlagen, sodass in Richtung des SDPFs die Aufheizzeit in etwa nur noch von der Abgasenthalpie und nicht mehr von deren Zusammensetzung (aus Massenstrom und Temperatur) abhängig ist.

Der Grund, warum die Temperatur stromabwärts an Bedeutung verliert, liegt in den vorhandenen Temperatursenken. Ein Abgasenthalpiestrom mit kleinerem Massenstrom verliert bei gleicher Wärmeabgabe mehr Temperatur als ein gleichgroßer Abgasenthalpiestrom mit höherem Massenstrom. Damit steht dem nachfolgenden Bauteil eine geringere Temperatur zur Verfügung. Das Temperaturgefälle zwischen Abgas und Bauteil ist jedoch für den Wärmetransport verantwortlich, sodass bei kleinerem Temperaturgefälle auch weniger Wärme in gleicher Zeit in das Bauteil transportiert wird. Je mehr Temperatursenken auf der Strecke vorhanden sind, desto stärker tritt dieser Effekt in Erscheinung, sodass sich die Bedeutung für das Aufheizverhalten von Temperatur und Massenstrom stromabwärts angleicht. In der

Praxis heißt dies, dass für die Aufheizzeit an der aktuellen Position des DOCs eine Temperaturanhebung bei gleichbleibender Enthalpie Vorteile mit sich bringt, für die Aufheizzeit an der aktuelle Position des SDPFs allerdings nur die Enthalpie entscheidend ist. Grundvoraussetzung dabei ist immer eine Mindesttemperatur zum Erreichen der Zieltemperatur in der ANB. Demzufolge ist es notwendig, eine Methode zunächst stationär bezüglich ihrer Temperaturanhebung und anschließend dynamisch hinsichtlich ihres Einflusses auf das Abgasthermomanagement (Warmhalten und Aufheizen) zu untersuchen.

Abbildung 3.5 zeigt die Temperatur für die ersten 800 s eines warm gestarteten NEFZ stromabwärts der Abgasanlage (Ordinate) und entlang der Zeit (Abszisse). Hier wird neben den zuvor gezeigten synthetischen Versuchen der Wärmetransport in der Abgasanlage ersichtlich. Ein Phänomen, welches erst im dynamischen Versuch zu erkennen ist, sind die im Folgenden beschriebenen Wärmewellen. Diese sind insbesondere im DOC deutlich und dauern etwa 40 s bis 50 s an.

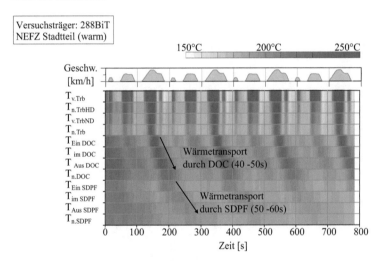

Abbildung 3.5: Zeitlicher und räumlicher Temperaturverlauf im Abgasstrang, in einem NEFZ-Stadtteil mit vorkonditionierter Abgasnachbehandlungsanlage

Beginnend im ersten $50 km/h$-Geschwindigkeitshügel (bei etwa 120 s), erfolgt ein großer Wärmeeintrag in den DOC aufgrund erhöhter Last. Trotz Ende dieses erhöhten Wärmeeintrages bei etwa 150 s tritt die Temperaturspitze erst deutlich verspätet aus dem DOC aus (bei etwa 200 s) und wandert in abgeschwächter Form durch den SDPF (Dieselpartikelfilter mit SCR-Beschichtung) weiter. Dies lässt sich wie folgt erklären: Durch die hohe Last wird die erste Scheibe des DOCs recht zeitnahe aufgeheizt. Nach Beendigung der Phase mit hoher Last folgt eine Phase mit kleiner Last und damit ein kühleres Abgas, welches die Wärme aus dem zuvor aufgeheizten DOC-Teil aufnimmt. Diese Wärmeenergie wird ein Stück im

DOC transportiert und erwärmt den DOC stromabwärts. Darauffolgend tritt an dieser Stelle erneut kühleres Abgas ein, welches die Wärme erneut aufnimmt und wieder ein Stück stromabwärts transportiert. Dieser Vorgang wiederholt sich und transportiert so die Wärme als Wärmewellen bzw. als Temperaturwelle durch die ANB.

4 Beschreibung des Versuchsträgers und der Versuchsmethodik

4.1 Versuchsträger

Für die Untersuchungen dieser Arbeit wurden zwei Versuchsträger verwendet. Es handelt sich dabei um zwei Motoren der Diesel-Baureihe EA288 von Volkswagen. Zum Einsatz kam ein 2,0l-135kW-TDI-Motor (kurz: 288MDB) und ein 2,0l-176kW-TDI-BiTurbo-Motor (kurz: 288BiT). In Tabelle 4.1 sind alle wichtigen Eckdaten zusammengetragen:

Tabelle 4.1: Kennwerte der Versuchsträger

Merkmal	Einheit	288MDB	288BiT
Bauart	[-]	4-Zylinder-Reihenmotor	4-Zylinder-Reihenmotor
Hubraum	cm³	1968	1968
Hub x Bohrung	mm x mm	81 x 95,5	81 x 95,5
Verdichtungsverhältnis	[-]	16,2	15,5
Ventile pro Zylinder	[-]	4	4
Ventilanordnung	[-]	90° gedreht	0° gedreht
Zündreihenfolge	[-]	1-3-4-2	1-3-4-2
Leistung	[kW]	135	176
AGR-System	[-]	gekühlte NDAGR	gekühlte NDAGR
	[-]	ungekühlte HDAGR	ungekühlte HDAGR
Einspritzsystem	[-]	Magnetventil	Piezo 10-Loch Einspritzventil
Aufladung	[-]	VTG-Turbine	HD-Turbine mit VTG und Bypass
	[-]		ND-Turbine mit Waste-Gate
Steuerzeiten@1mm	AÖ [°KW v. UT]	20	35
	AS [°KW v. OT]	10	10
	EÖ [°KW n. OT]	10	10
	ES [°KW n. UT]	10	20
Abgasnachbehandlung	[-]	DOC, DPF	DOC, SDPF
Verwendung in Kapitel	[-]	6	3, 7 und 8

Beide Versuchsträger wurden mit einem elektromotorischen vollvariablen Ventiltrieb (V3T) ausgestattet. Dieses Entwicklungstool wurde 2005 in der Volkswagen-Forschung in Zusammenarbeit mit LSP und TRW entwickelt [34].

© Springer Fachmedien Wiesbaden GmbH, ein Teil von Springer Nature 2019
L. Mathusall, *Potenziale des variablen Ventiltriebes in Bezug auf das Abgasthermomanagement bei Pkw-Dieselmotoren*, AutoUni – Schriftenreihe 137,
https://doi.org/10.1007/978-3-658-25901-3_4

Das Ventiltriebsystem ist ein nockenwellenloses System, welches die Ventile über einen Segmentmotor direkt betätigt. In Abbildung 4.1 ist der Aktuator zur Betätigung der Ventile skizziert.

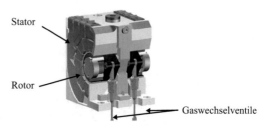

Abbildung 4.1: Aufbau des Aktuators zur Betätigung der Ventile [34], [43]

Der in Abbildung 4.1 dargestellte Aktuator besteht aus zwei Segmentmotoren, sodass jedes Ventil einzeln angesteuert werden kann. Um die vier Ventile pro Zylinder betätigen zu können, besitzt jeder Zylinder zwei dieser Aktuatoren. Hieraus ergibt sich die Möglichkeit, von jedem Zylinder jedes Ventil individuell zu öffnen und zu schließen. Das Schließen erfolgt dabei aktiv, sodass keine Ventilfedern erforderlich sind.

Das System ermöglicht sämtliche Variationen der Ventilerhebungskurve (Abbildung 4.2).

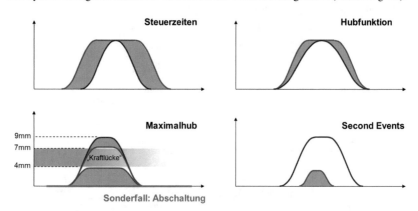

Abbildung 4.2: Variabilitäten des verwendeten Ventiltriebs V3T [34]

Hierzu gehören die Steuerzeiten, die Hubfunktion, der Hub sowie die Möglichkeiten eines zusätzlichen Hubes. Weiterhin ist es möglich, Ventilhubkurven komplett zu deaktivieren. Die Variabilität ist neben den mechanischen Grenzen, wie maximaler Hub und maximale Kraft der Aktuatoren, durch eine Besonderheit eingeschränkt. Der Segmentmotor ist als quasi-einphasiger Elektromotor ausgeführt, um die Betätigungskräfte zu maximieren. Daraus ergibt sich prinzipbedingt eine Kraftlücke, die eine Variation des Hubes zwischen 4 *mm* und 7 *mm* ausschließt. Für weitere Informationen zum Aufbau und zur Funktionsweise des Ventiltriebsystems wird auf [34] verwiesen. Die Leistungsversorgung des Ventiltriebes erfolgt am Prüfstand extern, sodass es keinerlei Rückwirkung auf den mechanischen Leistungsbedarf des Motors durch Änderung der Ventilsteuerzeit gibt.

Zur Erfassung wichtiger Größen sind am Prüfstand diverse Messtechniken vorhanden. Dazu gehören:

- Kraftstoffmessung nach dem Messprinzip servogeregelter Verdrängerzähler (PLU von Horiba [40]),

- Abgasmessung mittels Flammenionisationsdetektor zur Bestimmung der unverbrannten Kohlenwasserstoffe, nichtdispersiver Infrarot-Analysator zur Bestimmung von Kohlenmonoxid und Kohlendioxid sowie Chemilumineszenz-Detektor zur Bestimmung der Stickstoffoxide (zusammengefasst in einer PegaSys-Anlage),

- Rußmessung nach dem Messprinzip der Filterschwärzung (Smokemeter von AVL [3], [6]) sowie nach dem Messprinzip der Photoakustik (Micro Soot Sensor von AVL [2], [4]),

- zwei zusätzliche CO_2-Messgeräte nach dem Messprinzip der nichtdispersiven Infrarot-Messung zur Bestimmung der NDAGR- und HDAGR-Raten (IRDi60 Analysatoren von AVL [5]),

- kurbelwinkelaufgelöste Messung des Saugrohr-, Abgas- und Zylinderdrucks nach dem piezoresistiven bzw. piezoelektrischen Messprinzip, zur Brennverlaufs- und Ladungswechselanalyse (Kistler Quarze),

- kapazitive Drucksensoren zur Bestimmung der Drücke verschiedener Medien,

- Thermoelemente (K-Typ) zur Bestimmung der Temperaturen verschiedener Medien,

- Luftmassenmessung nach dem Messprinzip des Ultraschall-Laufzeitdifferenzverfahrens (FLOWSONIX^{TM} von AVL [7]).

Eine detaillierte Erläuterung der grundlegenden Messprinzipien zu den einzelnen Systemen, ist auch in [23], [67] und [83] zu finden.

In Abbildung 4.3 ist der Abgastemperaturmessstellenplan mit entsprechender Messstellenbezeichnung für die verwendeten Versuchsträger dargestellt.

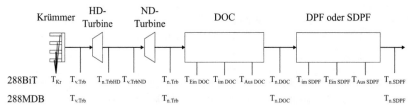

Abbildung 4.3: Abgastemperaturmessstellenplan der Versuchsträger 288MDB und 288BiT

Für den Versuchsträger 288BiT erfolgt zusätzlich eine Temperaturmessung zwischen den Abgasturbinen sowie mittig in den Abgasnachbehandlungskomponenten (DOC, SDPF). Die Messstellen in den ANB-Komponenten sollen die vorherrschenden Temperaturen in der Abgasnachbehandlung ermitteln, um so Rückschlüsse auf die Bauteiltemperatur bzw. auf die Konvertierungsbedingungen zu ziehen. Die Abgastemperaturen $T_{im\ DOC}$ und $T_{im\ SDPF}$ stellen aufgrund ihrer Positionen nicht nur die Abgastemperatur, sondern auch die Bauteiltemperatur dar. Eine klare Trennung ist nicht möglich, da die Zwischenräume in den Katalysatoren, in denen die Messstellen eingebracht werden, sehr klein sind. In der Praxis ergibt sich eine mittlere Temperatur aus Bauteil- und Abgastemperatur. Im Folgenden wird diese dennoch als Abgastemperatur bezeichnet.

4.2 Randbedingungen der stationären Untersuchungen

In diesem Kapitel sollen kurz die Randbedingungen der stationären Untersuchungen zusammengetragen werden. Allgemein gelten für diese Untersuchungen, wenn nichts anderes angegeben ist, folgende Randbedingungen:

• konstante Stickstoffoxidemissionen bezüglich des Referenzmesspunktes,

• konstante Einspritzstrategie bezüglich des Referenzmesspunktes,

• konstante Verbrennungsschwerpunktlage bezüglich des Referenzmesspunktes,

• konstanter Raildruck bezüglich des Referenzmesspunktes.

Dadurch sollen während der Untersuchungen die Quereinflüsse möglichst minimiert werden, um die Interpretation der Ergebnisse zu vereinfachen.

Die Auswertung der grundlegenden Untersuchungen zu den VVT-Temperaturmaßnahmen erfolgt in Kapitel 6. Für diese Untersuchungen wurde der Versuchsträger 288MDB verwendet. Um die Rückwirkungen vom Abgasturbolader (ATL) auf den Motor durch eine Änderung der Steuerzeiten zu vermeiden, wurden die Versuche mit einer vollständig geöffneten variablen Turbinengeometrie (VTG) durchgeführt. Dies ermöglicht eine gute Vergleichbarkeit der untersuchten VVT-Maßnahmen zueinander bezüglich wichtiger motorischer Größen.

Die weiterführenden Untersuchungen der priorisierten VVT-Maßnahmen aus Kapitel 6 erfolgen in Kapitel 7.1, 7.2, 7.3 sowie 7.4 mit dem Versuchsträger 288BiT. Diese sollen zum einen das Verständnis der ausgewählten VVT-Temperaturmaßnahmen vertiefen und zum anderen als Vorbereitung für die dynamischen Untersuchungen in Kapitel 8 dienen.

Die Betriebspunktauswahl erfolgte anhand des Aufheizverhaltens verschiedener Fahrzeuge und verschiedener Zyklen. Hier stellte sich heraus, dass ein hoher Anteil der Betriebspunkte zu Beginn des Zyklus bei relativ geringen Drehzahlen und Lasten liegt. Daher wurde für die Untersuchungen in Kapitel 6 am Versuchsträger 288MDB der Betriebspunkt 1250 U/min und 45 Nm effektiv ausgewählt.

Für die weiterführenden Untersuchungen in Kapitel 7.1, 7.2, 7.3 und 7.4 wurde der Untersuchungsbereich im Betriebskennfeld ausgeweitet. Hier liegt der Fokus zur Auswahl der Betriebspunkte vor allem auf der Abdeckung des temperaturrelevanten Kennfeldbereichs, also auf dem Bereich, in dem die Temperaturmaßnahmen in den dynamischen Versuchen aktiviert werden. Dieser Bereich wird im folgenden Kapitel 4.3 genauer beschrieben. Die verwendeten Betriebspunkte lauten: 30 Nm und 50 Nm effektiv bei 1250 U/min sowie bei 2000 U/min.

4.3 Versuchsmethode der dynamischen Untersuchungen

Zur Beurteilung der VVT-Temperaturmaßnahmen hinsichtlich der Betriebsarten Warmhalten und Aufheizen wurden dynamische Untersuchungen durchgeführt. Die Methodik und die Randbedingungen sollen im Folgenden vorgestellt werden.

Zunächst ist der temperaturrelevante Bereich im Motorkennfeld zu bestimmen, in dem die Abgastemperatur unterhalb der Zieltemperatur von 200°C liegt. Hierfür wurde zunächst ein stationäres Temperaturkennfeld vermessen. Abbildung 4.4 zeigt das Kennfeld für die Messstelle im SDPF.

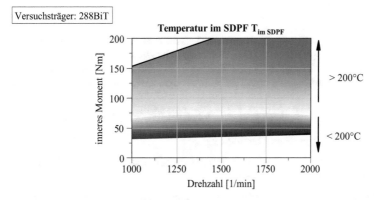

Abbildung 4.4: Temperaturkennfeld 288BiT im SDPF

Die Messstelle im SDPF stellt die letzte relevante Temperatur der motornahen ANB dar. Es wird davon ausgegangen, dass, wenn an dieser Position die Zieltemperatur stationär erreicht wird, diese in der gesamten ANB mindestens vorhanden ist. Die Zieltemperatur wird für den Versuchsträger unterhalb von 75 Nm inneres Moment nicht erreicht (blauer Bereich). In diesem Bereich sind deshalb Temperaturmaßnahmen notwendig.

Hieraus lässt sich ableiten, dass nur ein sehr schwachlastiger Zyklus für die Untersuchungen von Bedeutung ist. Aus diesem Grund wurde sowohl der Artemis Urban als auch der

Stadtteil des NEFZ herangezogen. Zur Reduzierung des Versuchsaufwandes ist es notwendig, zunächst einen der Zyklen auszuwählen, und zwar vorwiegend den, der hinsichtlich der Abgastemperatur als kritischer gilt. Abbildung 4.5 stellt die beiden Zyklen mit den Temperaturverläufen im SDPF dar.

Versuchsträger: 288BiT

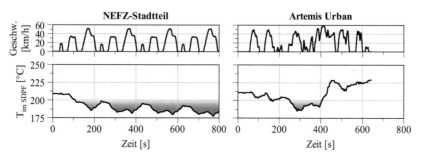

Abbildung 4.5: Temperaturverlauf im SDPF für den NEFZ-Stadtteil (links) und Artemis Urban (rechts)

Die Temperatur im SDPF liegt dabei innerhalb des NEFZ-Stadtteil mit über 80% Zeitanteil unterhalb der Zieltemperatur von 200°C. Der Temperaturverlauf innerhalb des Artemis Urban liegt nur zu etwa 25% unterhalb der Zieltemperatur. Aus diesem Grund ist der NEFZ-Stadtteil der temperaturkritischere und damit für die dynamischen Untersuchungen der relevante Zyklus.

Für die dynamischen Untersuchungen gelten folgende allgemeine Randbedingungen:

- keine Verwendung einer Start-Stopp-Strategie,

- die Applikation des Kraftstoffpfades (Einspritzstrategie, Raildruck) ist für alle Versuche bezüglich der Referenzmessung gleich,

- die kumulierten Stickstoffoxidemissionen sind durch Anpassung der Niederdruckabgasrückführ-Rate (NDAGR-Rate) bezüglich der Referenzmessung konstant,

- die Temperaturmaßnahmen sind nur im temperaturrelevanten Kennfeldbereich ($< 75\ Nm$ inneres Moment) und bis $2000\ U/min$ aktiv.

Abhängig von der Temperaturmaßnahme ergeben sich weitere Randbedingungen hinsichtlich der Füllungsapplikation und Abgasrückführratenaufteilung (Tabelle 4.2). Diese Randbedingungen gelten jedoch nur in dem Kennfeldbereich, in dem die entsprechende Temperaturmaßnahme aktiviert ist.

Tabelle 4.2: Randbedingungen der Temperaturmaßnahmen bezüglich Füllung und Aufteilung der NDAGR/HDAGR

	frühes Auslass-Öffnen	Zylinder-abschaltung	interne Abgas-rückführung	Hochdruck-abgasrück-führung	Füllungs-reduzierung
Füllung	geregelt (Serien-applikation)	gesteuert (VTG=80% geschlossen)	gesteuert (VTG=10% geschlossen)	geregelt (Serien-applikation)	Variations-parameter
Aufteilung (NDAGR/ HDAGR)	Serien-applikation	Serien-applikation	FRC=1 (nur NDAGR)	Variations-parameter	Serien-applikation

Eine Füllungsregelung ist bei den VVT-Strategien iAGR und ZAS nicht möglich. Aus diesem Grund findet eine Steuerung der VTG auf einen applizierten Festwert statt. Hierauf wird in Kapitel 6 näher eingegangen.

Der Aufteilungsfaktor (FRC = Fraction) beschreibt den Anteil der NDAGR-Rate bezüglich der gesamten applizierten AGR-Rate.

$$FRC = \frac{x_{NDAGR}}{x_{NDAGR} + x_{HDAGR}} \qquad (4.1)$$

Die Versuche zu den Betriebsarten Warmhalten und Aufheizen unterscheiden sich lediglich in den Startbedingungen. Während das Warmhalten Gegenmaßnahmen zum bevorstehenden Auskühlen betrachten soll und deshalb einen bereits warmen Motor und eine warme ANB voraussetzt, findet beim Aufheizen eine Betrachtung der Zeit bis zum Erreichen einer Zieltemperatur statt. Daher wird hier entsprechend ein kalter Motor und eine kalte ANB vorausgesetzt. In Tabelle 4.3 sind die Startbedingungen der beiden Betriebsarten zusammengefasst.

Tabelle 4.3: Temperaturrandbedingungen des Aufheizens und Warmhaltens

	Aufheizen	**Warmhalten**
Motortemperatur	25°C	90°C
Temperatur der ANB	25°C	mind. 200°C

Da der Prüfstandsraum lediglich eine konstante Umgebungstemperatur von 25°C zur Verfügung stellt, ergibt dies die minimale Temperatur für den Motor und die ANB zum Beginn des Aufheizens. Diese Startbedingung umfasst für diese Arbeit den Begriff des „Kaltstarts".

5 Methode zur Berechnung der Temperatureinflüsse

In diesem Kapitel sollen die Grundlagen für die Analyse der Temperatureinflüsse hergeleitet werden. Dabei geht es im ersten Schritt um die Herleitung eines vereinfachten Zusammenhangs zur Bestimmung der Abgastemperatur. Mit diesem wird ein Überblick über alle wichtigen Einflussgrößen gegeben. Im zweiten Schritt wird der vereinfachte Zusammenhang dazu verwendet, eine Methode zur Quantifizierung der verschiedenen Temperatureinflüsse vorzustellen.

5.1 Theoretische Herleitung der Temperatureinflüsse

Um einen Überblick über die verschiedenen Einflussgrößen auf die Abgastemperatur zu erhalten, findet eine Herleitung, ausgehend von der allgemeinen Gleichung zur Energiebilanzierung eines Zylinders, statt. Es gelten die folgenden Vereinfachungen:

- Stoffgrößen sind konstant,
- keine Wandwärmeverluste im Ladungswechsel und im Auslasskanal,
- Masse wird im Ladungswechsel komplett ausgeschoben.

Die Gleichung zur Energiebilanz eines Zylinders lautet:

$$\frac{dU}{d\phi} = \frac{dQ_{Krst}}{d\phi} + \frac{dQ_{WW}}{d\phi} + \frac{dW_v}{d\phi} + \frac{h \cdot dm}{d\phi} \tag{5.1}$$

Diese wird zunächst auf den Hochdruckprozess in nicht differentieller Form reduziert:

$$\Delta U_z = U_4 - U_1 = Q_{Krst} + Q_{WW} + W_v \tag{5.2}$$

Hierbei ergibt sich die Differenz zwischen der inneren Energie am Ende des Prozesses (Zustand 4) und der inneren Energie zu Beginn des Prozesses (Zustand 1) aus der Summe von Kraftstoffenergie Q_{Krst}, Wandwärmeverlust Q_{WW} und Volumenänderungsarbeit W_V. Diese Differenz spiegelt die Änderung der innere Energie im Zylinder ΔU_z wider. Die Gleichung lässt sich durch $m_{Krst}H_u$ erweitern und umschreiben in:

$$U_4 - U_1 = \Delta U_z = \frac{\Delta U_z}{m_{Krst}H_u} \cdot m_{Krst}H_u = x_A \cdot m_{Krst}H_u \tag{5.3}$$

x_A beschreibt dabei den Anteil der Energie, der am Ende des Prozesses ausgeschoben wird, im Verhältnis zur eingesetzten Kraftstoffmasse. Diese wird im Folgenden als relative Abgasenergie bezeichnet.

© Springer Fachmedien Wiesbaden GmbH, ein Teil von Springer Nature 2019
L. Mathusall, *Potenziale des variablen Ventiltriebes in Bezug auf das Abgasthermomanagement bei Pkw-Dieselmotoren*, AutoUni – Schriftenreihe 137,
https://doi.org/10.1007/978-3-658-25901-3_5

Ausgehend von Gl.(5.3) gilt:

$$U_4 - U_1 = x_A \cdot m_{Krst} H_u \tag{5.4}$$

Umstellen der Gl.(5.4) nach U_4 ergibt:

$$U_4 = x_A \cdot m_{Krst} H_u + U_1 \tag{5.5}$$

Für die innere Energie gilt allgemein:

$$U = m c_v T \tag{5.6}$$

Einsetzen der Gl.(5.6) in Gl.(5.5) und umstellen nach T_4 führt zu:

$$T_4 = \frac{x_A \cdot m_{Krst} H_u}{m c_v} + T_1 \tag{5.7}$$

Da es sich bei der Temperatur T_4 in der Gl.(5.7) um die Temperatur im Zylinder und nicht um die Temperatur im Abgas handelt, wird ein Ansatz nach [66] herangezogen, der eine Umrechnung von T_4 nach T_{Abg} ermöglicht. Dieser Ansatz berücksichtigt den adiabaten Ausströmvorgang und die Arbeit, die das Gas dabei verrichtet. Die Gleichung nach [66] lautet:

$$U_4 = U_{Abg} + p_{Abg} \cdot (V_{Abg} - V_4) \tag{5.8}$$

Mithilfe der folgenden thermodynamischen Gleichungen:

$$H = U + pV \tag{5.9}$$

$$pV = mRT \tag{5.10}$$

$$c_p = R \cdot \frac{\kappa}{\kappa - 1} \tag{5.11}$$

lässt sich Gl.(5.8) wie folgt umformen und nach T_{Abg} auflösen:

$$T_{Abg} = T_4 \cdot \left[1 - \frac{\kappa - 1}{\kappa} \cdot \left(1 - \frac{p_{Abg}}{p_4} \right) \right] \tag{5.12}$$

Einsetzen der hergeleiteten Temperatur aus der Energiebilanz des Hochdruckprozesses (Gl.(5.7)), in den nach [66] hergeleiteten Zusammenhang aus Abgas- und Zylindertemperatur (Gl.(5.12)), ergibt:

$$T_{Abg} = \left[\frac{x_A \cdot m_{Krst} H_u}{mc_v} + T_1 \right] \cdot \left[1 - \frac{\kappa - 1}{\kappa} \cdot \left(1 - \frac{p_{Abg}}{p_4} \right) \right] \quad (5.13)$$

Ein Ausmultiplizieren der Gl.(5.13) führt zu:

$$T_{Abg} = T_1 + \frac{x_A \cdot m_{Krst} H_u}{mc_v} - T_4 \cdot \frac{\kappa - 1}{\kappa} \cdot \left(1 - \frac{p_{Abg}}{p_4} \right) \quad (5.14)$$

Das Vereinfachen der folgenden Terme:

$$\Delta T_z = \frac{x_A \cdot m_{Krst} H_u}{mc_v} \quad (5.15)$$

$$\Delta T_{AS} = T_4 \cdot \frac{\kappa - 1}{\kappa} \cdot \left(1 - \frac{p_{Abg}}{p_4} \right) \quad (5.16)$$

ergibt den Ausdruck aus Gl.(5.14) zu:

$$T_{Abg} = T_1 + \Delta T_z - \Delta T_{AS} \quad (5.17)$$

Hierbei ist T_1 die Füllungstemperatur zu Beginn des Prozesses, ΔT_z die Temperaturänderung durch den Verbrennungsprozess und ΔT_{AS} die Temperaturänderung durch den Ausströmvorgang.

Abbildung 5.1 zeigt, ausgehend vom hergeleiteten Zusammenhang, die Aufteilung in die einzelnen Einflussgrößen der Abgastemperatur.

Zunächst wäre die Füllungstemperatur als Einflussparameter auf die Abgastemperatur zu nennen. Je höher diese ist, desto höher fällt auch die Abgastemperatur aus. Ein weiterer wichtiger Einflussparameter ist die Temperaturänderung durch den Verbrennungsprozess. Diese ist vor allem von der eingebrachten Wärmeenergie über den Kraftstoff, aber auch von der zu erwärmenden Masse, also der Füllung und deren spezifischen Wärmekapazität, abhängig. D. h., je größer die Füllung und je größer die spezifische Wärmekapazität, desto größer ist die gesamte Wärmekapazität. Damit reduziert sich die Abgastemperatur bei gleichbleibender Energiezufuhr.

Die eingebrachte Wärmeenergie teilt sich grob in drei Energieanteile auf. Zum einen wird ein Anteil in Arbeit umgesetzt, zum anderen geht ein Anteil als Wandwärme verloren. Der Anteil, der übrig bleibt, ist die Energie, die als Abgasenthalpiestrom der Abgasnachbehandlungsanlage zur Verfügung steht. Diese drei Energieanteile beeinflussen sich bei einer geforderten Last gegenseitig. Steigt zum Beispiel der Ladungswechselverlust oder die Reibung,

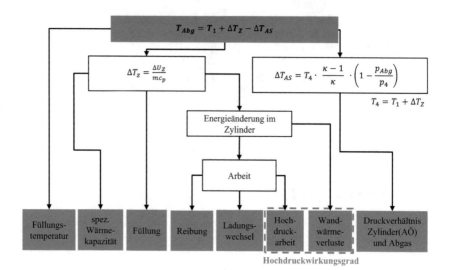

Abbildung 5.1: Wichtige Einflussgrößen der Abgastemperatur (Motoraustritt)

muss für ein gewünschtes effektives Moment zwangsläufig die Kraftstoffmasse angehoben werden. Dies erhöht nicht nur die Hochdruckarbeit zur Kompensation der erhöhten Arbeitsverluste, sondern steigert auch bei gleichem Hochdruckwirkungsgrad die Energie und damit die Temperatur im Abgas. Verschlechtert sich der Hochdruckwirkungsgrad an sich, bedeutet dies unter anderem eine Anhebung der Abgasenergie. Gleichzeitig ist eine Anhebung der Kraftstoffmenge notwendig, um den reduzierten Hochdruckwirkungsgrad und damit das reduzierte Moment auszugleichen. Dies führt zu einer weiteren Abgastemperaturanhebung. Es ist also zu erkennen, dass die drei Anteile, von denen die Abgastemperatur abhängig ist, stark miteinander verflochten sind.

Ein dritter und letzter Einflussparameter ist die Temperaturänderung, die sich durch das Ausströmen des Abgases ergibt. Hier entsteht durch die Expansion des Abgases ein Temperaturverlust. Weitere Verluste im Abgas entstehen durch die Wandwärmeverluste an den Auslassventilen und in den Auslasskanälen, die an dieser Stelle nicht berücksichtigt werden.

5.2 Quantifizierung der Temperaturanteile

Für eine Analyse der Temperatureinflüsse ist es notwendig, die Anteile quantitativ abzuschätzen. Dafür wurde eine Methode entwickelt, die den Temperatureinfluss durch Änderung der Füllung und durch Änderung der Kraftstoffmasse bestimmt und anschließend herausrechnet. Übrig bleibt ein Restanteil, der abhängig von der Temperaturmaßnahme zu deuten ist. Diese Methodik soll im Folgenden vorgestellt werden. Dazu ist die aus Kapitel 5.1 hergeleitete Gl.(5.17) heranzuziehen.

$$T_{Abg} = T_1 + \Delta T_z - \Delta T_{AS} \tag{5.18}$$

Einsetzen der Gl.(5.15) in Gl.(5.18) ergibt:

$$T_{Abg} = \frac{x_A \cdot m_{Krst} H_u}{m c_v} + T_1 - \Delta T_{AS} \tag{5.19}$$

Diese lässt sich mit $X_A = x_A \cdot \frac{H_u}{c_v}$ in eine etwas andere Form bringen und lautet:

$$T_{Abg} = X_A \cdot \frac{m_{Krst}}{m} + T_1 - \Delta T_{AS} \tag{5.20}$$

Wie zuvor definiert, sind in der Größe X_A die Stoffgrößen und die relative Abgasenergie enthalten. Um den Einfluss der Kraftstoffmenge und der Füllung auf die Abgastemperatur zu ermitteln und damit X_A zu bestimmen, wird ein Versuch durchgeführt, der möglichst nur die Füllung und die eingespritzte Kraftstoffmasse variiert. Für dieses sogenannte Referenz-verfahren müssen gemäß Gl.(5.19) und Gl.(5.20) folgende Bedingungen identisch sein:

• die relative Abgasenergie x_A,

• die spezifische Wärmekapazität des Abgases c_v,

• die Füllungstemperatur T_1,

• der Temperaturverlust während des Ausströmens ΔT_{AS}.

Das Referenzverfahren ist ein Versuch, welches ein Kennfeld aus Füllung und eingebrachter Kraftstoffmasse darstellt. Die Füllung wurde dabei durch Variation des Saugrohrdruckes mittels Drosselklappe variiert. In Abbildung 5.2 ist das Ergebnis des Referenzverfahrens als Zusammenhang zwischen Abgastemperatur T_{Abg} und Kraftstoff-Füllungs-Verhältnis $\frac{m_{Krst}}{m}$ dargestellt.

Versuchsträger: 288MDB
Drehzahl: 1250 rpm

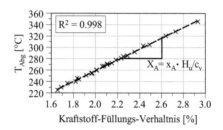

Abbildung 5.2: Vermessener Zusammenhang aus Abgastemperatur und Kraftstoff-Füllungs-Verhältnis

Wie erwartet ergibt sich gemäß Gl.(5.20) ein linearer Zusammenhang zwischen Abgastemperatur und dem Verhältnis aus Kraftstoffmasse und Füllung.

Dieser durch das Referenzverfahren ermittelte Zusammenhang kann zur Untersuchung einer beliebigen Temperaturmaßnahme, im Folgenden als TM bezeichnet, herangezogen werden. Dadurch ist es möglich, folgende Temperaturanteile zu bestimmen:

- Temperaturanteil durch Änderung der Kraftstoffmasse (kurz: Kraftstoffanteil),

- Temperaturanteil durch Änderung der Füllung (kurz: Füllungsanteil),

- Temperaturrestanteil, der je nach Temperaturmaßnahme zu deuten ist (kurz: spezifischer Anteil).

Abbildung 5.3 veranschaulicht die Methodik zur Berechnung dieser Anteile.

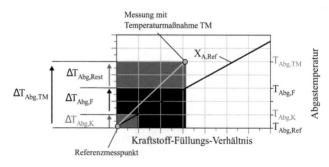

Abbildung 5.3: Methodik zur Bestimmung der Temperaturanteile

Ausgehend von dem eingezeichneten Referenzmesspunkt würde sich bei Änderung der Kraftstoffmasse und/oder der Füllung die Abgastemperatur entlang der eingezeichneten schwarzen Linie $X_{A,Ref}$ ergeben. Der Anstieg entspricht dem zuvor ermittelten Zusammenhang aus Abgastemperatur und dem Verhältnis aus Kraftstoffmasse und Füllung. Bei einer beliebigen Temperaturmaßnahme TM spielen weitere Einflüsse eine Rolle, sodass sich die Temperatur abseits der schwarzen Linie entwickelt. Damit setzt sich die Änderung der Abgastemperatur bezüglich des Referenzmesspunktes wie folgt zusammen:

$$\Delta T_{Abg,TM} = \Delta T_{Abg,K} + \Delta T_{Abg,F} + \Delta T_{Abg,Rest} \tag{5.21}$$

Wobei $\Delta T_{Abg,K}$ den Kraftstoffanteil, $\Delta T_{Abg,F}$ den Füllungsanteil und $\Delta T_{Abg,Rest}$ den spezifischen Anteil beschreibt. Die detaillierte mathematische Beschreibung der drei Anteile wird im nachfolgenden gezeigt. Der Referenzmesspunkt wird dabei, ausgehend von Gl.(5.20), durch die folgende Gleichung beschrieben:

$$T_{Abg,Ref} = X_{A,Ref} \cdot \frac{m_{Krst,Ref}}{m_{Ref}} + T_{1,Ref} + \Delta T_{AS,Ref} \tag{5.22}$$

Der Messpunkt der Temperaturmaßnahme TM wird durch die folgende Gleichung beschrieben:

$$T_{Abg,TM} = X_{A,TM} \cdot \frac{m_{Krst,TM}}{m_{TM}} + T_{1,TM} + \Delta T_{AS,TM} \tag{5.23}$$

Um nun die einzelnen Temperaturanteile bestimmen zu können, werden die Variablen in Gl.(5.22) stückweise durch die Variablen aus Gl.(5.23) ersetzt.

Temperaturanteil durch Änderung der Kraftstoffmasse $\Delta T_{Abg,K}$
Ausgehend von dem Referenzmesspunkt (siehe Gl.(5.22)) wird eine Modell-Abgastemperatur bestimmt, die sich dadurch ergibt, dass sich lediglich die Kraftstoffmasse entsprechend der gemessenen Temperaturmaßnahme TM ändert. Demnach lautet die neue Gleichung:

$$T_{Abg,K} = X_{A,Ref} \cdot \frac{m_{Krst,TM}}{m_{Ref}} + T_{1,Ref} + \Delta T_{AS,Ref} \tag{5.24}$$

Durch Subtrahieren der Referenzabgastemperatur Gl.(5.22) von der Modell-Abgastemperatur Gl.(5.24) ergibt sich der Temperaturanteil durch Änderung der Kraftstoffmasse.

$$\Delta T_{Abg,K} = T_{Abg,K} - T_{Abg,Ref} = X_{A,Ref} \cdot \frac{m_{Krst,TM}}{m_{Ref}} - X_{A,Ref} \cdot \frac{m_{Krst,Ref}}{m_{Ref}} \tag{5.25}$$

Temperaturanteil durch Änderung der Füllung $\Delta T_{Abg,F}$

Ausgehend von der Modell-Abgastemperatur $T_{Abg,K}$ (siehe Gl.(5.24)) wird die Modell-Temperatur erweitert, und zwar um die gemessene Füllung der Temperaturmaßnahme TM. Die neue Gleichung lautet:

$$T_{Abg,F} = X_{A,Ref} \cdot \frac{m_{Krst,TM}}{m_{TM}} + T_{1,Ref} + \Delta T_{AS,Ref} \qquad (5.26)$$

Durch Subtrahieren der Modell-Abgastemperatur $T_{Abg,K}$ Gl.(5.24) von der Modell-Abgastemperatur $T_{Abg,F}$ Gl.(5.26) ergibt sich der Temperaturanteil durch Änderung der Füllung.

$$\Delta T_{Abg,F} = T_{Abg,F} - T_{Abg,K} = X_{A,Ref} \cdot \frac{m_{Krst,TM}}{m_{TM}} - X_{A,Ref} \cdot \frac{m_{Krst,TM}}{m_{Ref}} \qquad (5.27)$$

Temperaturrestanteil $\Delta T_{Abg,Rest}$

Der Temperaturrestanteil ergibt sich, wie der Name es bereits andeutet, aus dem restlichen Anteil, der mit den obigen Gleichungen nicht abgedeckt ist.

$$\Delta T_{Abg,Rest} = T_{Abg,TM} - \Delta T_{Abg,F} - \Delta T_{Abg,K} - T_{Abg,Ref} = T_{Abg,TM} - T_{Abg,F} \qquad (5.28)$$

Dabei stellt die Abgastemperatur $T_{Abg,TM}$, die aus dem Versuch mit der Temperaturmaßnahme TM gemessene Temperatur, $\Delta T_{Abg,F}$ und $\Delta T_{Abg,K}$ die zuvor berechneten Temperaturanteile und $T_{Abg,Ref}$ die Abgastemperatur des Referenzmesspunktes dar.

Die Methode ermöglicht damit eine einfache Analyse der Temperaturanteile. Es ist lediglich notwendig, über ein Referenzverfahren den Zusammenhang aus Abgastemperatur und Kraftstoff-Füllungs-Verhältnis zu ermitteln und anschließend für die eigentliche Temperaturmaßnahme die Größen Abgastemperatur, Füllung und eingespritzte Kraftstoffmasse messtechnisch zu erfassen. Die Abgastemperatur ergibt sich aus einer Temperaturmessung (möglichst nahe am Motoraustritt), die Füllung aus einer Luftmassenmessung und die Kraftstoffmasse aus einer Verbrauchsmessung. Wenn zusätzlich Abgas zurück in den Brennraum geführt wird, sind für die Bestimmung der Füllung weitere Messgrößen erforderlich. Hierfür muss die Menge an zurückgeführtem Abgas bekannt sein. Handelt es sich um externe AGR, kann diese mittels einer CO2-Messung bestimmt werden (siehe dazu Anhang A.1). Bei Verwendung von interner AGR ist eine Ladungswechselanalyse erforderlich (siehe Anhang A.2).

6 Untersuchungen der Maßnahmen zur Abgastemperaturanhebung mittels variablem Ventiltrieb

In diesem Abschnitt sollen verschiedene Steuerzeitenvariationen untersucht werden. Dazu findet eine Analyse des Verbrauchs- und Emissionseinflusses statt sowie anschließend eine Untersuchung hinsichtlich der Wirkungsmechanismen auf die Abgastemperaturanhebung. Hierfür wird die in Kapitel 5.2 vorgestellte Methode zur Quantifizierung der Temperaturanteile herangezogen. Untersucht werden folgende Steuerzeitenvariationen (VVT-Temperaturmaßnahmen):

- spätes Einlass-Schließen (SES),

- spätes Einlass-Öffnen (SEÖ),

- frühes Auslass-Öffnen (FAÖ),

- interne Abgasrückführung durch Abgasrücksaugen (iAGR-RS),

- interne Abgasrückführung durch Abgasvorlagern (iAGR-VL),

- Zylinderabschaltung (ZAS).

Das Ziel der Untersuchungen ist, ein allgemeines Verständnis über die Funktions- und Wirkungsweise dieser Temperaturmaßnahmen zu erlangen und diese miteinander zu vergleichen. Aus diesem Grund sind keine Kombinationen der dargestellten Steuerzeitenvariationen Gegenstand nachfolgender Untersuchungen. Zur Einordnung der VVT-Temperaturmaßnahmen werden konventionelle Maßnahmen, die den Gaspfad hinsichtlich einer Abgastemperaturanhebung beeinflussen, herangezogen. Die Betrachtung einer zusätzlichen konventionellen Maßnahme, die den Kraftstoffpfad zur Temperaturanhebung beeinflusst, ergänzt den Vergleich. Zu den untersuchten konventionellen Maßnahmen gehören demnach:

- Reduzierung der Füllung durch Absenkung des Saugrohrdrucks mittels Drosselklappe (Dkl),

- ungekühlte Hochdruckabgasrückführung (HDAGR),

- Nacheinspritzung (NE).

Die genannten Temperaturmaßnahmen lassen sich in drei Gruppen einteilen, die sich nach dem Haupttemperatureinfluss unterscheiden. Diese Einteilung erfolgt aus der Motivation der entsprechenden Maßnahmen heraus.

Maßnahmen zur Temperaturanhebung infolge der Wirkungsgradverschlechterung (Gruppe 1):

- spätes Einlass-Öffnen (SEÖ),

- frühes Auslass-Öffnen (FAÖ),

© Springer Fachmedien Wiesbaden GmbH, ein Teil von Springer Nature 2019
L. Mathusall, *Potenziale des variablen Ventiltriebes in Bezug auf das Abgasthermomanagement bei Pkw-Dieselmotoren*, AutoUni – Schriftenreihe 137, https://doi.org/10.1007/978-3-658-25901-3_6

- Nacheinspritzung (NE).

Maßnahmen zur Temperaturanhebung infolge der Füllungsreduzierung (Gruppe 2):

- spätes Einlass-Schließen (SES),

- Zylinderabschaltung (ZAS),

- Reduzierung der Füllung durch Absenkung des Saugrohrdrucks mittels Drosselklappe.

Maßnahmen zur Temperaturanhebung infolge der Füllungstemperaturanhebung (Gruppe 3):

- interne Abgasrückführung durch Abgasrücksaugen (iAGR-RS),

- interne Abgasrückführung durch Abgasvorlagern (iAGR-VL),

- ungekühlte Hochdruckabgasrückführung (HDAGR).

6.1 Analyse der Verbrauchs- und Emissionseinflüsse

6.1.1 Temperaturmaßnahmen infolge der Wirkungsgradverschlechterung

Die erste Gruppe fasst die Temperaturmaßnahmen frühes Auslass-Öffnen (FAÖ), spätes Einlass-Öffnen (SEÖ) als VVT-Maßnahmen sowie die Nacheinspritzung (NE) als konventionelle Maßnahme zusammen. Abbildung 6.1 stellt die Maßnahmen mit ihren Variationsparametern dar.

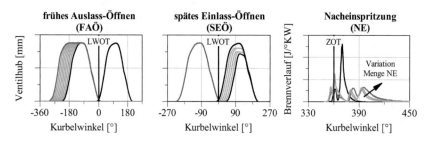

Abbildung 6.1: Variation der Temperaturmaßnahmen infolge der Wirkungsgradverschlechterung

Dabei findet die Variation des frühen Auslass-Öffnens auf beiden Ventilen ohne gleichzeitige Variation des Schließzeitpunktes statt. Dies gilt auch für die Variation des Einlass-Öffnens nach spät. Hier muss allerdings aufgrund der sich reduzierenden Öffnungsdauer eine

Anpassung des Ventilhubes erfolgen. Bei der Nacheinspritzung handelt es sich um zwei nahe an die Haupteinspritzung angelagerte Einspritzungen, sodass diese vollständig im Brennraum umgesetzt werden. Als Variationsparameter wird die Menge der Nacheinspritzung verwendet (für eine detaillierte Beschreibung zur Parametrierung der Nacheinspritzung siehe Anhang A.3). Alle weiteren Versuchsbedingungen sind in Kapitel 4.2 erläutert.

In Abbildung 6.2 (links) ist die relative Verbrauchsänderung über die Änderung der Abgastemperatur dargestellt. Es handelt sich um die Abgastemperatur vor der Abgasturbine $T_{v.Trb}$.

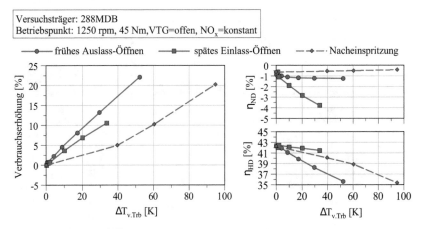

Abbildung 6.2: Verbrauchs- und Wirkungsgradänderung der Temperaturmaßnahmen infolge der Wirkungsgradverschlechterung

Die Nacheinspritzung zeigt dabei die geringste Verbrauchsverschlechterung bezüglich einer gleichen Abgastemperaturanhebung. Die Gründe dafür werden mittels Temperaturanalyse in Kapitel 6.2 betrachtet. An dieser Stelle soll nur der Wirkmechanismus zur Verbrauchsanhebung untersucht werden. Dazu sind in Abbildung 6.2 (rechts) die Wirkungsgrade der Hochdruck- und der Niederdruckschleife abgebildet. Für eine detailliertere Auswertung wird zudem eine Brennverlaufsanalyse mit Verlustteilung durchgeführt. Hierzu wurde von Gamma Technologies die Software GT-SUITE V7.5 herangezogen. Die Verlustteilung ist für jede Temperaturmaßnahme bezüglich der im Versuch maximal erreichbaren Temperaturanhebung dargestellt.

Versuchsträger: 288MDB
Betriebspunkt: 1250 rpm, 45 Nm,VTG=offen, NO$_x$=konstant

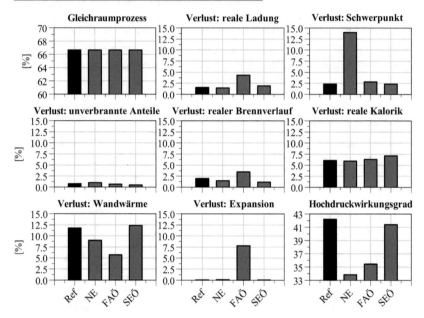

Abbildung 6.3: Verlustteilung der Temperaturmaßnahmen infolge der Wirkungsgradverschlechterung für die jeweilige maximal erreichte Abgastemperaturanhebung $T_{v.Trb}$

Ergänzend zeigt Abbildung 6.4 die p-V-Diagramme der in Abbildung 6.3 ausgewerteten Messpunkte.

Die Verbrauchsanhebung des FAÖ resultiert hauptsächlich durch die Anhebung der Expansionsverluste, die auf über 7% ansteigen und damit den Wirkungsgrad der Hochdruckschleife stark absenken. Einen weiteren Einfluss auf die Verbrauchsanhebung haben die durch das FAÖ entstehenden hohen Druckpulsationen im Abgaskrümmer. Diese Druckpulse springen auf die anderen Zylinder über, sodass das Ausschieben des Abgases nur unter höherem Arbeitsaufwand erfolgt. Zu sehen ist dies in Abbildung 6.4 (links) anhand des Druckanstieges im Ausschiebetakt, der den Wirkungsgrad der Niederdruckschleife (Abbildung 6.2) verschlechtert.

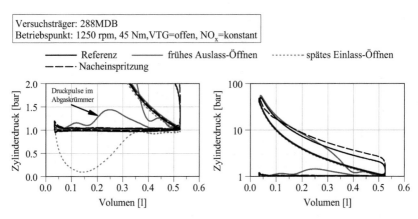

Abbildung 6.4: p-V-Diagramm mit Fokus auf die Ladungswechselschleife (links) und auf die Hochdruckschleife (rechts)

Die Nacheinspritzung führt zu keinem negativen Effekt in der Niederdruckschleife. Hier ist vor allem die Verschiebung der Schwerpunktlage nach spät für eine Verschlechterung des Hochdruckwirkungsgrades und damit für einen Verbrauchsanstieg verantwortlich.

Bei der Temperaturmaßnahme SEÖ stellt die Reduzierung des Niederdruckwirkungsgrades den Haupteinflussfaktor der Verbrauchsanhebung dar (Abbildung 6.2). Aufgrund des geschlossenen Brennraums zu Beginn des Ansaugtaktes sinkt der Zylinderdruck auf bis zu $0,1\ bar$ ab (Abbildung 6.4). Das führt zu einem Anstieg der Ladungswechselarbeit. Öffnet das Einlassventil, entsteht durch die hohe Druckdifferenz über das Ventil eine erhöhte Strömungsgeschwindigkeit, die die Ladungsbewegung im Brennraum intensiviert. Dadurch steigt der Verlust durch Wandwärmeübergänge leicht an (Abbildung 6.3). Das SEÖ reduziert zudem die Öffnungsdauer der Einlassventile und damit die Ansaugphase, was zu einer reduzierten Füllung führt. Insgesamt sinkt mit der reduzierten Füllung und dem erhöhten Verbrauch das Luftverhältnis. Damit ist ein Anstieg der Verluste durch die reale Kalorik zu verzeichnen (Abbildung 6.3). Die Verluste der realen Kalorik sowie die Wandwärmeverluste senken in Summe den Hochdruckwirkungsgrad. Dieser spielt aber in der Gesamtbetrachtung des Verbrauches für das SEÖ eine untergeordnete Rolle.

Ein weiterer wichtiger Schwerpunkt ist die Analyse der Emissionen bezüglich der Temperaturanhebung. Abbildung 6.5 zeigt die relativen Änderungen von HC, CO und Ruß. Die Stickstoffoxidemissionen wurden durch Anpassung der NDAGR-Rate konstant gehalten.

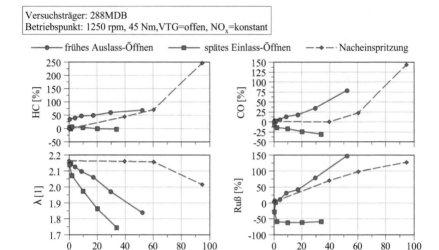

Abbildung 6.5: Emissionsänderung der Temperaturmaßnahmen infolge der Wirkungsgradverschlechterung

Das FAÖ zeigt in allen drei Emissionen einen deutlichen Anstieg. Hier spielen die reduzierte Expansion und das aufgrund der Verbrauchsanhebung reduzierte Luftverhältnis eine entscheidende Rolle. Die reduzierte Expansion verkürzt die Nachoxidation entstandener
Rußemissionen, aber auch vorhandener HC-/CO-Emissionen.

Zudem können durch das FAÖ ungünstige Druckschwingungen in der Abgasanlage hervorgerufen werden, die in den Nachbarzylindern (die sich ebenfalls gerade im Ausschie-
be-Takt befinden und deren Auslassventile geöffnet sind) erhöhte Restgasmengen erzeugen. Entscheidend für die Restgasmenge ist dabei der Abgasdruck zum Zeitpunkt des Auslass-Schließens. Bei der durchgeführten Untersuchung schließt das Auslassventil $10°KW$ v.
LWOT. Dadurch entsteht ein geringer Kompressionsdruck im LWOT, der ein Maß für die
Restgasmenge ist. In Abbildung 6.6 ist zu sehen, dass ein FAÖ, ausgehend von $20°KW$ v.
UT bis etwa $40°KW$ v. UT zu einem erhöhten Kompressionsdruck im LWOT führt. Anschließend gelangt die Pulsation des Abgasgegendrucks deutlich früher und ohne Einfluss
auf die Restgasmenge in den Zylinder.

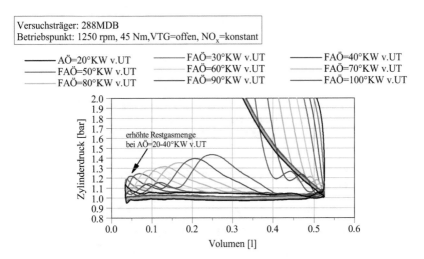

Abbildung 6.6: p-V-Diagramm der Ladungswechselschleife von der Temperaturmaßnahme FAÖ

Damit existieren in dem relevanten Temperaturbereich keine erhöhten Restgasmengen, die sich negativ auf die Emissionen auswirken.

Das SEÖ zeigt über eine Temperaturanhebung überwiegend eine Reduzierung der Emissionen. Vor allem die Rußemissionen lassen sich durch eine geringe Verschiebung des Einlass-Öffnens nach spät deutlich reduzieren. Verantwortlich ist die intensivierte Ladungsbewegung, die zu einer besseren Gemischaufbereitung führt und den negativen Einfluss des reduzierten Luftverhältnisses überkompensiert.

Die Abgastemperaturanhebung mittels Nacheinspritzung zeigt ebenfalls eine deutliche Verschlechterung der Emissionen, besonders bei hohen Nacheinspritzmengen. Grund dafür ist die späte Verbrennung, die überwiegend als Diffusionsverbrennung abläuft, aber auch zu einer kürzeren Expansion und damit zu einer kürzeren Nachoxidation der Emissionen führt. Zudem regelt die aktive Schwerpunktlagenregelung durch Frühverschiebung der Haupteinspritzung den durch die Nacheinspritzung nach spät verlagerten Verbrennungsschwerpunkt aus. Demzufolge werden die Voreinspritzungen früher abgesetzt, zu Zeitpunkten, in denen die Zündbedingungen, gegeben durch Zylinderdruck und Ladungstemperatur, ungünstiger sind. Daraus folgt ein erhöhter Zündverzug, der dazu führt, dass die Voreinspritzmengen zusammen mit der Haupteinspritzmenge umgesetzt werden. Dennoch zeigt die Nacheinspritzung einen geringeren Anstieg gegenüber dem FAÖ. Hierfür gibt es zwei Gründe. Zum einen entstehen aufgrund der späten und damit diffusiv ablaufenden Verbrennung weniger Stickstoffoxide. Dadurch ist für die Einhaltung konstanter NOx-Emissionen weniger NDAGR notwendig. Folglich ergibt sich für die Emissionen ein günstigeres Luftverhältnis. Zum anderen bringen die beiden Nacheinspritzungen zusätzliche Bewegungsimpulse in den

Brennraum, sodass ein besseres und emissionsärmeres Durchbrennen des Gemisches erfolgt [59].

6.1.2 Temperaturmaßnahmen infolge der Füllungsreduzierung

Die zweite Gruppe fasst die Temperaturmaßnahmen spätes Einlass-Schließen (SES) Zylinderabschaltung (ZAS) als VVT-Maßnahmen sowie die Drosselklappe (Dkl) als konventionelle Maßnahme zusammen. Abbildung 6.7 stellt die Maßnahmen mit ihren Variationsparametern dar.

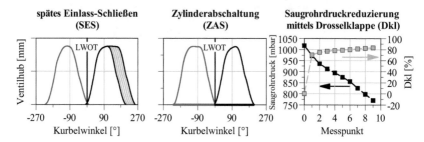

Abbildung 6.7: Variation der Temperaturmaßnahmen infolge der Füllungsreduzierung

Dabei erfolgt die Variation des Einlass-Schließens auf beiden Einlassventilen und ohne Änderung des Zeitpunktes Einlass-Öffnen. Die Zylinderabschaltung deaktiviert die Einspritzung und die Ventilerhebungskurven (Einlass und Auslass) der äußeren Zylinder (1 und 4). Die konventionelle Temperaturmaßnahme Drosselklappe erreicht durch eine Absenkung des Ladedrucks eine Füllungsreduzierung. Denkbar wären auch Maßnahmen wie die Nutzung der Abgasdrosselklappe und die Nutzung der VTG. Die Verwendung der Abgasdrosselklappe zeigt sich als wenig effektiv und der Einfluss der VTG ist in Kapitel 7.4 erläutert. Die gezeigten Versuche werden ohnehin, wie in Kapitel 4.2 beschrieben, mit geöffneter VTG durchgeführt.

In Abbildung 6.8 (links) ist die relative Verbrauchsänderung über der Änderung der Abgastemperatur $T_{v.Trb}$ dargestellt.

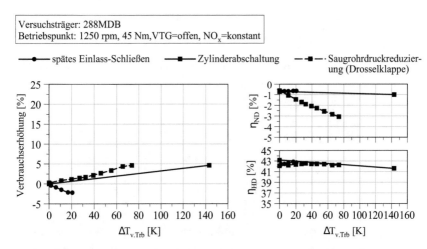

Abbildung 6.8: Verbrauchs- und Wirkungsgradänderung der Temperaturmaßnahmen infolge der Füllungsreduzierung

Die Zylinderabschaltung ermöglicht die größte Temperaturanhebung bei leichter Verbrauchsverschlechterung. Demgegenüber zeigt die Maßnahme Drosselklappe eine höhere Verbrauchsanhebung bei gleicher Temperaturanhebung. Lediglich das SES führt zu einer Verbrauchsabsenkung trotz Temperaturanhebung. Auf die Wirkmechanismen der Temperatur wird in Kapitel 6.2 eingegangen. Für die Verbrauchsanalyse sind, wie in Kapitel 6.1.1, die Änderungen im Niederdruckwirkungsgrad sowie die Änderungen im Hochdruckwirkungsgrad dargestellt (Abbildung 6.8). Weiterhin erfolgt auch hier eine Brennverlaufsanalyse mit Verlustteilung der Messpunkte, die jeweils den maximalen Temperaturanstieg einer Maßnahme aufweisen. Hierzu wurde von Gamma Technologies die Software GT-SUITE V7.5 herangezogen.

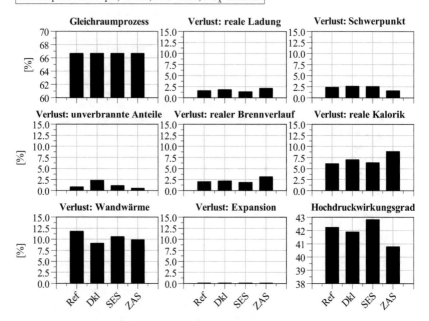

Abbildung 6.9: Verlustteilung der Temperaturmaßnahmen infolge der Füllungsreduzierung für die jeweilige maximal erreichte Abgastemperaturanhebung $T_{v.Trb}$

Ergänzend zeigt Abbildung 6.10 die p-V-Diagramme der in Abbildung 6.9 dargestellten Messpunkte.

Das SES reduziert, wie erwähnt, leicht den Verbrauch. Dies resultiert aus der leichten Verbesserung der Hochdruckschleife bei konstant bleibendem Ladungswechsel (Abbildung 6.8). Aus der Brennverlaufsanalyse werden die Gründe der leichten Verbesserung ersichtlich (Abbildung 6.9). Zum einen reduzieren sich die Wandwärmeverluste. Grund dafür ist die geringere effektive Verdichtung mit entsprechend geringerer Verdichtungsendtemperatur. Zum anderen reduziert sich leicht der Verlust durch den realen Brennverlauf. Dies ist vor allem auf die verzögerte bzw. ausbleibende separate Verbrennung der Voreinspritzung zurückzuführen (Abbildung 6.11), die zusammen mit der Hauptverbrennung umgesetzt wird und so die Brenndauer leicht reduziert. Das Ausbleiben bzw. die verzögerte Umsetzung der Voreinspritzung ist ebenfalls eine Folge der reduzierten effektiven Verdichtung und der damit einhergehenden schlechteren Zündbedingungen.

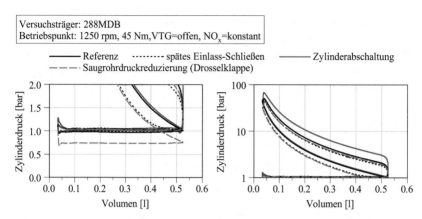

Abbildung 6.10: p-V-Diagramm mit Fokus auf die Ladungswechselschleife (links) und auf die Hochdruckschleife (rechts)

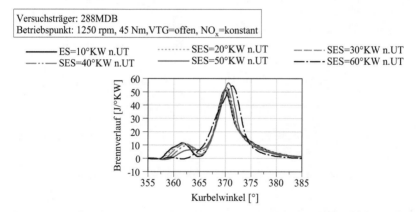

Abbildung 6.11: Differentieller Brennverlauf (links) und mechanischer Wirkungsgrad (rechts) der Temperaturmaßnahme SES

Die leichte Verbrauchsanhebung der Zylinderabschaltung ist in der Verschlechterung des Wirkungsgrades der Hochdruckschleife begründet (Abbildung 6.8). Hierfür sind vor allem die Verluste durch die reale Kalorik aufgrund des stark reduzierten Luftverhältnisses verantwortlich. Dabei sinkt das Luftverhältnis auf etwa $1,4$, da sich die gesamte Motorfüllung durch Wegschalten zweier Zylinder ungefähr halbiert, die Lastanforderung jedoch dieselbe bleibt. Die Zylinderabschaltung zeigt allerdings zu kleineren Lasten auch bei Dieselmotoren einen kleinen Verbrauchsvorteil, da das Luftverhältnis im Vergleich zu höheren Lasten auf einem höheren Niveau liegt. Dadurch sinkt zum Teil der Verlust durch die reale Kalorik.

Zudem überwiegen bei diesen Lasten die reduzierten Blow-By-Verluste sowie die reduzierten Wandwärmeverluste der deaktivierten Zylinder. Darauf wird allerdings in Kapitel 7.3 näher eingegangen.

Die Verbrauchsanhebung der Temperaturmaßnahme Drosselklappe ergibt sich durch die Verschlechterung des Niederdruckwirkungsgrades, da ein Androsseln des Saugrohrdrucks zu einer erhöhten Ladungswechselarbeit führt (siehe Abbildung 6.10).

Im Weiteren sollen die Emissionseinflüsse hinsichtlich HC, CO und Ruß erläutert werden.

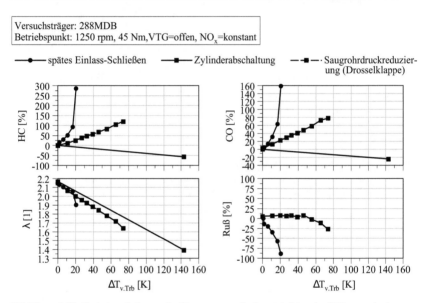

Abbildung 6.12: Emissionsänderung der Temperaturmaßnahmen infolge der Füllungsreduzierung

Das Emissionsverhalten des SES lässt sich im Grunde durch das reduzierte effektive Verdichtungsverhältnis erklären. Hierdurch sinkt nicht nur der Verdichtungsenddruck, sondern auch die Temperatur im Brennraum. Dies führt zu einem längeren Zündverzug der Voreinspritzung, die, wie bereits in Abbildung 6.11 gezeigt, verzögert oder aber gar nicht selbständig umgesetzt wird. Der verlängerte Zündverzug ermöglicht es, dass Anteile des Kraftstoffes weiter in die Randbereiche des Brennraums gelangen können und durch Quencheffekte unvollständig und unvollkommen umgesetzt werden. Dadurch steigen die HC- und CO-Emissionen. Die reduzierten Rußemissionen lassen sich durch die geringen Temperaturen im Brennraum begründen. Hierbei entstehen weniger Stickstoffoxide, sodass unter der Randbedingung eines konstanten Stickstoffoxidausstoßes bezüglich der Referenz, die AGR-Rate und damit die Rußemissionen reduziert werden können. Auch der verlängerte

Zündverzug spielt eine wichtige Rolle bezüglich der Rußemissionen, da dieser zu einer homogeneren Gemischaufbereitung führt.

Ähnliches Verhalten hinsichtlich der Emissionen wie beim SES zeigt sich auch bei der Variation des Saugrohrdrucks mittels Drosselklappe. Im Unterschied zum SES ändern sich bei der Temperaturmaßnahme Drosselklappe der Spitzendruck und die Spitzentemperatur durch eine Absenkung des Saugrohrdrucks anstatt durch eine Absenkung des Verdichtungsverhältnisses. Dadurch verschlechtern sich ebenfalls die Zündbedingungen und damit, wie beschrieben, die HC- und CO-Emissionen. Auch der Einfluss auf die Rußemissionen ähnelt sich im Vergleich zum SES.

Die Zylinderabschaltung verbessert aufgrund der Betriebspunktverschiebung der brennenden Zylinder und der damit höheren Prozesstemperatur die HC- und CO-Emissionen. Eine Auswertung der Rußemissionen ist an dieser Stelle nicht möglich. Die erforderliche AGR-Rate zur Einhaltung des gleichen Stickstoffoxidausstoßes bezüglich des Referenzmesspunktes konnte aufgrund der ohnehin schon sehr geringen Luftverhältnisse nicht unter Einhaltung des Rußgrenzwertes mit einer Filter Smoke Number (FSN) von etwa $FSN = 3$ umgesetzt werden. Damit ergibt sich aus Emissionsgründen für die Zylinderabschaltung eine Lastgrenze, die in Kapitel 7.3 näher betrachtet wird.

6.1.3 Temperaturmaßnahmen infolge der Füllungstemperaturanhebung

Die dritte Gruppe fasst die Temperaturmaßnahmen interne Abgasrückführung (iAGR) als VVT-Maßnahme und die ungekühlte Hochdruckabgasrückführung (HDAGR) als konventionelle Maßnahme zusammen. Abbildung 6.13 veranschaulicht die Umsetzung und Variation der Temperaturmaßnahmen.

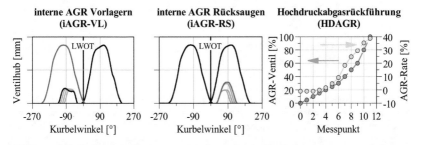

Abbildung 6.13: Variation der Temperaturmaßnahmen infolge der Füllungstemperaturanhebung

Die interne Abgasrückführung wird auf zwei verschiedene Arten umgesetzt. Die erste Variante ist das sogenannte Vorlagern (iAGR-VL). Hierbei wird ein Einlassventil über einen sogenannten Zweithub während des Ausschiebetaktes geöffnet. Dadurch wird Abgas in das Saugrohr vorgelagert und im nachfolgenden Ansaugtakt in den Brennraum zurückgeführt. Die zweite Variante ist das Rücksaugen (iAGR-RS). Beim Rücksaugen wird während des

Ansaugtaktes ein Auslassventil ein zweites Mal geöffnet. Dadurch wird Abgas aus dem Abgaskrümmer zurückgesaugt. Die Menge an internen AGR lässt sich über zwei Parameter beeinflussen. Zum einen durch das Spüldruckgefälle und zum anderen durch die Größe des Zweithubes. Da eine Änderung des Spüldruckgefälles (z. B. über die Drosselklappe) zur Beeinflussung der internen AGR eine Kombination aus Füllungsreduzierungsmaßnahme (siehe Kapitel 6.1.2) und Füllungstemperaturmaßnahme darstellt, wird diese Variante an dieser Stelle nicht betrachtet. Die Temperaturmaßnahme HDAGR wird durch eine Erhöhung der HDAGR-Rate umgesetzt, indem das entsprechende Ventil geöffnet wird. Bei allen Maßnahmen werden durch Anpassung der NDAGR-Raten die spezifischen Stickstoffoxidemissionen bezüglich des Referenzmesspunktes konstant gehalten.

In Abbildung 6.14 (links) ist die relative Verbrauchsänderung über die Änderung der Abgastemperatur $T_{v.Trb}$ dargestellt.

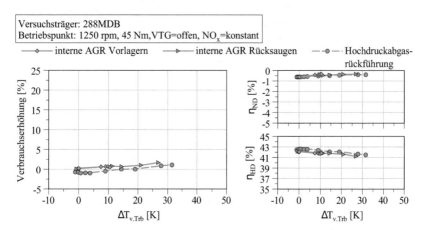

Abbildung 6.14: Verbrauchs- und Wirkungsgradänderung der Temperaturmaßnahmen infolge der Füllungstemperaturanhebung

Abgesehen von der internen AGR durch Vorlagern zeigen sich Temperaturanhebungen im Abgaskrümmer von etwa 30 K. Nur das Vorlagern ermöglicht lediglich eine Temperaturanhebung von etwa 10 K, trotz sukzessiver Erhöhung der iAGR-Rate über die Größe des Zweithubes. Grund dafür ist der vorhandene saugrohrintegrierte Ladeluftkühler. Dieser ist nahe am Motor positioniert, sodass das vorgelagerte Abgas bis in diesen zurückströmt, dort abkühlt und seine Temperaturwirkung verliert. Auf eine detaillierte Temperaturanalyse der Temperaturmaßnahmen wird in Kapitel 6.2 eingegangen. An dieser Stelle soll der Verbrauchseinfluss erläutert werden. Dazu wird neben der Darstellung des Wirkungsgrads der Nieder- und Hochdruckschleife in Abbildung 6.14 eine Brennverlaufsanalyse mit Verlustteilung durchgeführt. Hierzu wurde von Gamma Technologies die Software GT-SUITE V7.5 herangezogen. Die Auswertung der Verlustteilung erfolgt an den Messpunkten, die jeweils die maximale Temperaturanhebung bezüglich einer Maßnahme darstellen (siehe Abbildung 6.15).

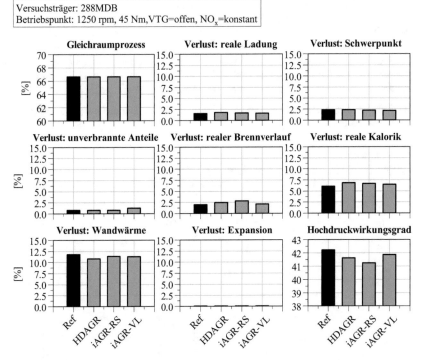

Abbildung 6.15: Verlustteilung der Temperaturmaßnahmen infolge der Füllungstemperaturanhebung für die jeweilige maximal erreichte Abgastemperaturanhebung

Die drei AGR-Maßnahmen verhalten sich bezüglich des Verbrauchs sehr ähnlich. Alle zeigen eine leichte Verschlechterung mit steigender Abgastemperatur, was auf die Wirkungsgradänderung der Hochdruckschleife zurückzuführen ist (6.14). Die Verlustteilung in Abbildung 6.15 zeigt, dass die Gründe dafür in den Verlusten der realen Kalorik sowie in den Verlusten des realen Brennverlaufs liegen. Die leicht reduzierte Ladungswechselarbeit ergibt sich durch den Kurzschluss zwischen Saugrohr- und Abgasdruck, entweder über das gleichzeitige Öffnen von Einlass- und Auslassventil oder aber durch das Öffnen des Hochdruck-AGR-Ventils. Allerdings wird diese Verbesserung durch eine Reduzierung des Hochdruckwirkungsgrads überkompensiert, sodass sich der Verbrauch verschlechtert. Grund dafür ist der ohnehin schon geringe Ladungswechselverlust infolge der für den Versuch geöffneten VTG.

Tendenziell zeigen sich die internen AGR-Maßnahmen gegenüber der HDAGR im Verbrauch bezüglich gleicher Abgastemperaturanhebungen etwas schlechter, jedoch sind diese Unterschiede sehr gering und von der Umsetzung der HDAGR in der Praxis abhängig. D. h. wenn die HDAGR durch ein zusätzliches Androsseln des Abgasdrucks in das Saugrohr erzwungen werden muss, wirkt sich dies auf den Verbrauch aus, wohingegen die iAGR die vorhandenen Druckpulse im Abgas nutzt und so ohne weiteres Androsseln auskommt. Die Notwendigkeit des Androsselns zur Realisierung der HDAGR kann vielfältig sein. Dazu zählen im Wesentlichen die Druckverluste in der HDAGR-Leitung (abhängig von der Ausführung, wie Länge und Querschnitt), aber auch die Forderung eines Mindestdruckverhältnisses, um eine robuste Regelung der HDAGR-Rate zu gewährleisten.

Im Weiteren sollen die Emissionseinflüsse hinsichtlich HC, CO und Ruß erläutert werden (Abbildung 6.16).

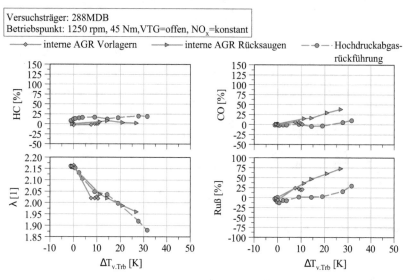

Abbildung 6.16: Emissionsänderung der Temperaturmaßnahmen infolge der Füllungstemperaturanhebung

Im Grunde sind für eine möglichst vollständige Umsetzung des Kraftstoffes drei Faktoren entscheidend: das Luftverhältnis, die Prozesstemperatur und die Gemischaufbereitung. Letzteres hängt unter anderem von der Ladungsbewegung ab.

Generell sinkt bei allen drei AGR-Maßnahmen das Luftverhältnis, was zu einem Anstieg der Emissionen führt. Dies ergibt sich durch eine reduzierte Füllung aufgrund höherer Füllungstemperaturen (HDAGR, iAGR-VL und iAGR-RS weisen eine höhere Temperatur gegenüber der Frischluft auf) und durch einen leicht höheren AGR-Bedarf aufgrund der heißen

AGR. Die heiße AGR reduziert weniger effektiv die Stickstoffoxidemissionen, sodass die gesamte AGR (NDAGR + heiße AGR) zur Einhaltung der Stickstoffoxidemissionen bezüglich der Referenz höher ausfällt.

Die geringeren HC-Emissionen der iAGR-Maßnahmen gegenüber der HDAGR ergeben sich durch die höheren Prozesstemperaturen der iAGR. Hier ist davon auszugehen, dass die HDAGR-Leitung durch den Zylinderkopf als Temperatursenke wirkt. Hierbei können je nach Betriebspunkt und HDAGR-Massenstrom Temperaturverluste zwischen $50°C$ und $200°C$ entstehen.

Des Weiteren spielen die Ladungsbewegungen eine wichtige Rolle. Ergebnisse vom Strömungsprüfstand zeigen, dass beispielsweise das gleichzeitige Öffnen von Einlass- und Auslassventilen die Drallströmung massiv beeinflusst. In Abbildung 6.17 sind die Ergebnisse eines Versuchs an einem Komponentenprüfstand zur Ermittelung der Drallzahl dargestellt (Volkswagen: firmeninterne Quelle [35]).

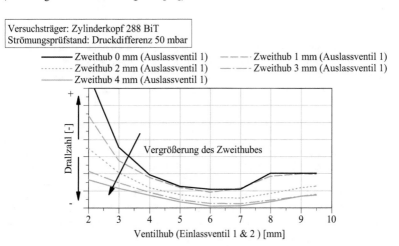

Abbildung 6.17: Drallzahl in Abhängigkeit des Einlasshubes und des Auslasszweithubes

Die Abbildung 6.17 zeigt die Drallzahl über die Variation des Einlasshubes beider Einlassventile für verschiedene Hübe des Zweithubes (eines Auslassventils). Je größer der Zweithub ist, desto stärker wird der Drall negativ beeinflusst. Je geringer der Drall ist, desto schlechter ist die Gemischaufbereitung, was zu höheren Rußemissionen führt. Dies erklärt den stärkeren Anstieg der Rußemissionen bei den iAGR-Maßnahmen im Vergleich zur HDAGR.

6.2 Analyse der Temperatureinflüsse

Dieses Kapitel soll dazu dienen, die Einflüsse auf die Temperaturanhebung zu quantifizieren und zu analysieren. Dazu wird die in Kapitel 5.2 hergeleitete Methode herangezogen. Dadurch ist es möglich, die folgenden drei Temperaturanteile zu bestimmen:

• Temperaturanteil durch Änderung der Kraftstoffmasse (kurz: Kraftstoffanteil),

• Temperaturanteil durch Änderung der Füllung (kurz: Füllungsanteil),

• Temperaturrestanteil, der je nach Temperaturmaßnahme zu deuten ist (kurz: spezifischer Anteil).

Diese sind in Abbildung 6.18 für die untersuchten Temperaturmaßnahmen aus Kapitel 6.1.1, 6.1.2 und 6.1.3 dargestellt.

Temperaturmaßnahmen infolge der Wirkungsgradverschlechterung
Die Temperaturmaßnahmen infolge der Wirkungsgradverschlechterung (FAÖ, SEÖ, NE) zeichnen sich vor allem dadurch aus, dass sie einen großen Temperaturanteil durch Änderung der Kraftstoffmasse besitzen (Abbildung 6.18, rot). Wie stark die Temperatur durch eine Wirkungsgradverschlechterung ansteigt, hängt davon ab, welcher Wirkungsgrad sich reduziert.

Generell führt eine Wirkungsgradreduzierung bei Einhaltung der effektiven Last zu einer Anhebung der Kraftstoffmasse und damit zu einer Lastpunktverschiebung des Hochdruckprozesses. Erfolgt also eine Verschlechterung des Wirkungsgrades durch die Anhebung der Ladungswechselarbeit, bleibt der Hochdruckwirkungsgrad unberührt. Dies führt in etwa zur gleichen Aufteilung der nun erhöhten Kraftstoffmenge in Arbeit, Wandwärmeverluste und Abgasenergie. Die in Abbildung 6.18 dargestellte Temperaturanhebung infolge der Kraftstoffmengenänderung stellt gemäß der Herleitung in Kapitel 5.2 genau diesen Anteil dar. Wird allerdings der Hochdruckwirkungsgrad anstatt des Niederdruckwirkungsgrades zu Gunsten der Temperaturanhebung verschlechtert, spielt ein weiterer Effekt eine Rolle. In den Temperaturmaßnahmen FAÖ und NE ist dies der Fall. Hier wird durch die reduzierte effektive Expansion ein großer Anteil der aus dem Kraftstoff gewonnenen Wärme nicht in Arbeit zur Kompensation einer z. B. erhöhten Ladungswechselarbeit umgewandelt, sondern direkt in die Abgasanlage geschoben. Dies wird hier als Wärmeausschub bezeichnet und ist für die Maßnahmen FAÖ und NE in dem spezifischen Anteil enthalten (Abbildung 6.18 grün). Dennoch ergibt sich ein deutlicher Unterschied zwischen den jeweiligen spezifischen Anteilen, die auch für die unterschiedlichen Verbräuche bezüglich gleicher Temperaturanhebung verantwortlich sind (Kapitel 6.1.1, Abbildung 6.2). Obwohl die Art und Weise, wie die effektive Expansion reduziert wird, theoretisch zu keinem Unterschied hinsichtlich der Abgastemperatur führt, existieren in der Praxis für die NE zwei Vorteile gegenüber dem FAÖ, die zu einem höheren spezifischen Anteil führen. Zum einen ergibt sich für die Nacheinspritzung in Summe ein geringerer Wandwärmeverlust. Dieser ist auf die längere und damit im Mittel kältere Verbrennung zurückzuführen. In Abbildung 6.19 (links) zeigt sich

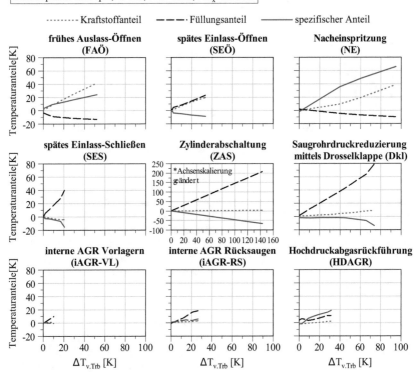

Abbildung 6.18: Zusammensetzung der Abgastemperatur aller untersuchten Temperaturmaßnahmen

vor allem kurz nach OT eine deutlich geringere mittlere Zylindertemperatur. Vor allem in dieser Phase ergibt sich ein hoher Wandwärmeübergangskoeffizient.

Der geringere Wandwärmeverlust der Nacheinspritzung konnte bereits in Kapitel 6.1.1 in Abbildung 6.3 durch die Brennverlaufsanalyse bestimmt werden. Hier ist allerdings der erhöhte Wärmeverlust beim FAÖ nicht wiederzufinden, da die Berechnung durch das frühe Auslass-Öffnen eher beendet wird. Die weiteren Wärmeverluste über die Wand, die sich nach Berechnungsende ergeben würden, sind demnach im Expansionsverlust enthalten.

Zum anderen entstehen beim FAÖ deutlich stärkere Temperaturverluste durch die Expansion in das Auslassventil, da die Drücke im Zylinder zum Zeitpunkt des Auslass-Öffnens gegenüber der Temperaturmaßnahme NE höher sind.

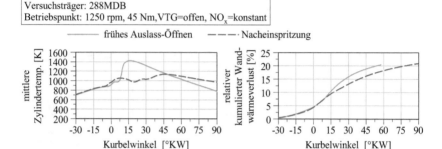

Abbildung 6.19: Relativer Wärmeverlust (links) und mittlere Zylindertemperatur (rechts) für NE und FAÖ

Das SEÖ zeigt hingegen keine nennenswerten spezifischen Anteile. Dafür besitzt diese Temperaturmaßnahme einen zum Kraftstoffanteil gleichbedeutenden Füllungsanteil. Hier ist vor allem die reduzierte Füllung infolge der reduzierten Ansaugphase auschlaggebend. Das FAÖ und die NE weisen hingegen einen negativen Füllungsanteil auf. Dies ist das Resultat einer geringen Füllungsanhebung durch eine leichte Ladedruckanhebung. Die Ladedruckanhebung ergibt sich infolge der steigenden Abgasenthalpie, die trotz geöffneter VTG zu einer Rückwirkung auf den Verdichter führt.

Temperaturmaßnahmen infolge der Füllungsreduzierung

Die Temperaturmaßnahmen infolge der Füllungsreduzierung (ZAS, SES, Dkl) zeichnen sich vor allem dadurch aus, dass sie einen großen Temperaturanteil durch Änderung der Füllung besitzen (Abbildung 6.18 blau). Die Füllungsreduzierung erfolgt bei den drei Maßnahmen auf unterschiedliche Art, wodurch sich auch die maximal erreichbare Temperaturanhebung ergibt. Die Zylinderabschaltung zeigt die stärkste Temperaturanhebung, da sich durch Wegschalten zweier Zylinder die gesamte Motorfüllung bei etwa gleichbleibendem Kraftstoffeinsatz ungefähr halbiert. Die Drosselklappe hingegen senkt die Füllung durch Reduzierung des Saugrohrdrucks. Da hierdurch gegenüber der ZAS die Zündbedingungen verschlechtert werden, kann die Temperaturmaßnahme Drosselklappe aus Emissionsgründen weniger weit hinsichtlich der Füllungsreduzierung und damit der Temperaturanhebung getrieben werden. Noch eingeschränkter ist in diesem Hinblick das SES. Bei dieser Maßnahme findet eine Füllungsreduzierung durch Ausschieben von bereits angesaugter Frischluftmasse statt, da die Einlassventile beim Aufwärtsbewegen des Kolbens nach UT weiterhin geöffnet sind. Damit geht eine Absenkung des effektiven Verdichtungsverhältnis mit einer deutlichen Verschlechterung der Zündbedingungen einher, was die Temperaturanhebung aus Emissionsgründen noch stärker begrenzt (siehe dazu Kapitel 6.1.2).

Ein positiver Temperaturanteil infolge der Kraftstoffänderung zeigt sich in der Temperaturmaßnahme Drosselklappe, da hier, wie in Kapitel 6.1.2 beschrieben, die Ladungswechselarbeit angehoben wird. Die ZAS besitzt ebenfalls einen, wenn auch sehr kleinen Kraftstoffanteil, wohingegen dieser bei dem SES negativ ist. Die Gründe dafür sind die in Kapitel 6.1.2 erläuterten Wirkmechanismen zur Verbrauchsänderung.

Einen spezifischen Temperaturanteil besitzen lediglich die Temperaturmaßnahmen ZAS und SES. Der spezifische Anteil des SES ist leicht negativ und ergibt sich vor allem durch die reduzierte Kompression bei gleichbleibender Expansion. Der spezifische Anteil der ZAS hingegen fällt sehr groß aus. Auch wenn dieses Verhalten nicht eindeutig geklärt werden kann, so gibt es zwei Ansätze. Zum einen zeigt sich durch die starke Änderung des Luftverhältnisses eine Erhöhung der spezifischen Wärmekapazität der Füllung und zum anderen kann die starke Betriebspunktverschiebung der Hochdruckschleife zu einem erhöhten Temperaturverlust beim Ausströmen des Gases (Expansion in den Abgaskrümmer) führen. Damit ist zwar ein negativer spezifischer Anteil plausibel, jedoch nicht in der berechneten Größenordnung. Dennoch bleibt die grundsätzliche Aussage zum Temperatureinfluss der ZAS gültig und zwar, dass der Haupteinflussfaktor die Füllungsreduzierung darstellt.

Temperaturmaßnahmen infolge der Füllungstemperaturanhebung
Die Temperaturmaßnahmen infolge der Füllungstemperaturanhebung (iAGR-RS, iAGR-VL, HDAGR) zeichnen sich vor allem dadurch aus, dass sie einen großen Temperaturanteil durch Änderung der Füllungstemperatur aufweisen. Dieser Anteil ist nicht als eigenständiger Anteil berechnet, da hierfür die Füllungstemperaturen im Zylinder bekannt sein müssten. Eine einfache Korrelation über die Saugrohrtemperatur ist dabei nicht möglich, da die drei genannten Temperaturmaßnahmen keinen oder nur bedingt Einfluss auf die Saugrohrtemperatur besitzen. Aus diesem Grund ist der Anteil durch Änderung der Füllungstemperatur im spezifischen Anteil (Abbildung 6.18 grün), also im Temperaturrestanteil, enthalten.

Die iAGR-VL weist eine sehr geringe Temperaturanhebung auf. Der Grund dafür liegt in dem nahe am Motor sitzenden Ladeluftkühler. Die vorgelagerte AGR-Masse reicht dabei bis in den Ladeluftkühler, wird dort abgekühlt und leistet damit keinen Beitrag zur Abgastemperaturanhebung. Lediglich eine leichte Füllungsreduzierung führt zu einer Temperaturanhebung von etwa $10\,K$.

Die iAGR-RS und die HDAGR hingegen besitzen jedoch einen Einfluss durch die Anhebung der Füllungstemperatur. Allerdings zeigt die HDAGR gegenüber der iAGR-RS einen größeren Einfluss über die Abgastemperaturanhebung infolge des spezifischen Anteils. Das würde bedeuten, dass die HDAGR trotz zusätzlicher Temperatursenke (HDAGR-Leitung durch den Zylinderkopf) eine höhere Füllungstemperatur zur Verfügung stellt. Dieses Verhalten ist jedoch auf die Betrachtungsweise zurückzuführen. Wird der spezifische Temperaturanteil nicht über die Abgastemperaturanhebung, sondern über die AGR-Rate aufgetragen, zeigt die iAGR-RS einen größeren spezifischen Anteil gegenüber der HDAGR (Abbildung 6.20).

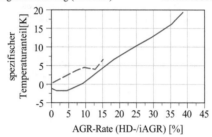

Abbildung 6.20: Spezifischer Temperaturanteil der iAGR-RS und HDAGR in Abhängigkeit der iAGR- bzw. HDAGR-Rate

Damit führt die heißere iAGR-RS zu einer höheren Füllungstemperatur. Allerdings ergibt eine höhere Füllungstemperatur auch eine stärkere thermische Drosselung. Folglich sinkt die Füllung weiter ab, wodurch die Temperaturanhebung infolge der Füllungsreduzierung an Bedeutung gewinnt. Die Änderungen der Temperatur infolge der Verbrauchsanhebung fallen bei allen drei Maßnahmen gering aus. Die Gründe hierfür sind in Kapitel 6.1.3 erläutert.

6.3 Zusammenfassung und Bewertung der Temperaturmaßnahmen

In diesem Kapitel sollen alle zuvor untersuchten Maßnahmen zusammengefasst und bewertet werden. Hierbei spielen wichtige Merkmale wie Temperaturanhebung, Emissions- und Verbrauchsverhalten eine Rolle, aber auch die Eigenschaften, die das Abgasthermomanagement (speziell: Warmhalten und Aufheizen) hinsichtlich des Temperaturverhaltens der Abgasnachbehandlungsanlage, unter dynamischen Betriebszuständen betreffen (Kapitel 3.1). In Abbildung 6.21 sind die Temperaturmaßnahmen zusammengefasst.

Zusätzlich ist in Tabelle 6.1 eine Bewertungsmatrix dargestellt.

Die Temperaturmaßnahmen werden hinsichtlich Temperatur, Emissionen und Verbrauch bewertet. Zudem ist ein Merkmal genannt, welches ein besonderes Risiko oder aber einen besonderen Vorteil darstellt.

Zunächst ist das Potenzial der Temperaturanhebung zu bewerten, da dies den wichtigsten Zielparameter darstellt. Da das SES und die iAGR-VL diesbezüglich ein zu geringes Potenzial aufweisen, werden diese beiden Maßnahmen nicht weiter betrachtet. Die effektivste VVT-Temperaturmaßnahme hingegen ist die ZAS mit einer Temperaturanhebung von bis zu 140 K in dem untersuchten Betriebspunkt. Die iAGR und das SEÖ zeigen ebenfalls eine

Tabelle 6.1: Zusammenfassung und Übersicht der untersuchten Temperaturmaßnahmen

Temperaturmaßnahme	Temperaturanhebung	HC-Emissionen	CO-Emissionen	Rußemissionen	Verbrauch	Merkmal
frühes Auslass-Öffnen (FAÖ)	++(+)	--	--	--	--	hohe Emissionen aufgrund des Expansionsabbruchs
spätes Einlass-Öffnen (SEÖ)	++	0	+	++	-	gute Emissionseigenschaften aufgrund der erhöhten Ladungsbewegung
Nacheinspritzung (NE)	++++	--	0	--	-	Risiko der Ölverdünnung
spätes Einlass-Schließen (SES)	+	---	---	+++	+	Temperaturanhebung zu gering
Zylinderabschaltung (ZAS)	+++++	+	+	--	0	begrenzter Betriebsbereich
Saugrohrdruckreduzierung (Dkl)	+++	--	--	-	0	hohe HC-/CO-Emissionen aufgrund schlechter Zündbedingungen, kritisch bei Motorkaltstart
interne AGR Vorlagern (iAGR-VL)	+	-	-	-	0	Temperaturanhebung zu gering
interne AGR Rücksaugen (iAGR-RS)	++	-	--	--	0	hohe Rußemissionen aufgrund des reduzierten Dralls
Hochdruckabgasrückführung (HDAGR)	++	-	-	-	0	schlechtere Ruß-NOx-Trade-Off bezüglich der NDAGR

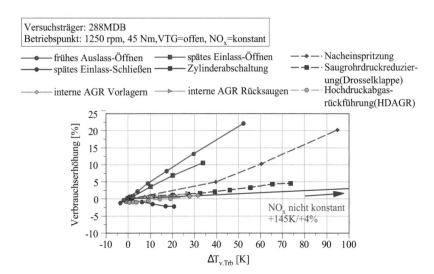

Abbildung 6.21: Verbrauchsänderung aller untersuchten Temperaturmaßnahmen

gute Temperaturanhebung von ca. 30 *K* und sind damit bezüglich der HDAGR vergleichbar. Das FAÖ kann darüber hinaus die Temperatur insgesamt um etwa 50 *K* anheben. Wie zuvor analysiert, unterscheiden sich die Wirkungsmechanismen der Temperaturanhebung der jeweiligen Maßnahmen. Allerdings können, wie vorab festgelegt, die Temperaturmaßnahmen in drei Haupteinflussfaktoren eingeteilt werden. Die Temperaturanhebung infolge der Wirkungsgradverschlechterung führt zu einer hohen Verbrauchsanhebung, aber durch den erhöhten Energieeinsatz auch zu einer höheren Abgasenthalpie. Die Temperaturmaßnahmen infolge der Füllungsreduzierung zeigen insbesondere mit der ZAS hohe Potenziale hinsichtlich der Temperaturanhebung, allerdings wirken hier oftmals die Emissionen begrenzend. Die Temperaturmaßnahmen infolge der Füllungstemperaturanhebung sind durch die thermische Drosselung von einer Füllungsreduzierung begleitet. Diese weisen ein gutes Temperaturanhebungspotenzial bei geringen Verbrauchseinflüssen auf.

Vor dem Hintergrund des Abgasthermomanagements sind deshalb die Temperaturmaßnahmen infolge der Wirkungsgradverschlechterung als Maßnahme zum Aufheizen prädestiniert, da hier eine hohe Enthalpie zur Verfügung gestellt wird. Dies ist vor allem wichtig, um die thermischen Massen der kalten Abgasnachbehandlung schnell auf ein Zieltemperaturniveau zu bringen. Die Temperaturmaßnahmen infolge der Füllungsreduzierung und infolge der Füllungstemperaturanhebung sind dabei die bevorzugten Maßnahmen für das Warmhalten. Diese Maßnahmen halten vor allem Energie in der Abgasanlage durch Anhebung des Abgastemperaturniveaus sowie durch Reduzierung des Abgasmassenstroms und zwar bei möglichst niedrigem Verbrauch. Dabei spielen in dieser Phase des Abgasthermomanagements (Abgasnachbehandlungsanlage ist aktiv) die erhöhten Rohemissionen eine geringere Rolle als bei inaktiver ANB während des Aufheizens. Vor diesem Hintergrund werden im Weiteren die VVT-Temperaturmaßnahmen der jeweiligen Haupteinflussfaktoren untersucht, die eine möglichst hohe Temperaturanhebung ermöglichen. Hierzu gehören die VVT-Abgastemperaturmaßnahmen FAÖ, ZAS und iAGR-RS, deren Wahl im Folgenden zusammenfassend begründet wird.

Das FAÖ stellt die Temperaturmaßnahme mit dem höchsten Potenzial der Abgastemperaturanhebung infolge der Wirkungsgradverschlechterung dar (Kapitel 6.1.1). Aus dem erhöhten Verbrauch resultiert vor allem eine hohe Abgasenthalpie , die vor allem das Aufheizen begünstigt. Als Risiko dieser Maßnahme gelten die hohen Emissionen, aber auch gleichzeitig der Verbrauch sowie die Geräuschentwicklung infolge der erhöhten Drücke zu Beginn des Auslasstaktes.

Die ZAS stellt die Temperaturmaßnahme mit dem höchsten Potenzial der Abgastemperaturanhebung infolge der Füllungsreduzierung dar (Kapitel 6.1.2). Zudem zeigt die Maßnahme sehr gute Emissionswerte hinschlicht HC und CO sowie einen nur sehr leicht erhöhten Verbrauch. Als Risiko ist vor allem der begrenzte Betriebsbereich zu nennen, der sich unter Einhaltung der Stickstoffoxide durch hohe Rußemissionen ergibt. Der Aufwand zur konstruktiven Umsetzung begrenzt sich auf ein diskretes System zur Deaktivierung der Einlass- und Auslassventile.

Die iAGR-RS stellt die einzige Temperaturmaßnahme mit ausreichend hoher Abgastemperaturanhebung infolge der Füllungstemperaturanhebung dar (Kapitel 6.1.3). Als Vorteil ist der geringe Verbrauchseinfluss hervorzuheben. Jedoch sind die hohen Rußemissionen ein Risiko, die vor allem auf die reduzierten Ladungsbewegungen zurückzuführen sind. Auch hier soll der Aufwand zur konstruktiven Umsetzung auf ein diskretes System begrenzt werden, sodass ein solches für die weiteren Untersuchungen vorausgesetzt wird.

Da der Fokus der Untersuchungen auf den Möglichkeiten zur Temperaturanhebung durch den Gaspfad liegt, werden als Vergleich zu den VVT-Maßnahmen für das weitere Vorgehen in Kapitel 8 die konventionellen Maßnahmen Drosselklappe und Hochdruckabgasrückführung verwendet. Hier wird mithilfe dynamischer Versuche die Wirksamkeit der stationär untersuchten Maßnahmen bewertet. Zuvor findet allerdings eine weiterführende Analyse der ausgewählten VVT-Temperaturmaßnahmen statt, um das Verständnis für die dynamische Betrachtung zu vertiefen. Alle folgenden Ergebnisse wurden am Versuchsträger 288BiT eingefahren.

7 Weiterführende Analyse der ausgewählten Maßnahmen zur Abgastemperaturanhebung

7.1 Untersuchung der internen Abgasrückführung (iAGR)

In den vorherigen Untersuchungen (Kapitel 6) zeigt sich lediglich die interne Abgasrückführung durch Rücksaugen aus dem Abgaskrümmer (iAGR-RS) als effektive VVT-Maßnahme zur Abgastemperatursteigerung infolge der Füllungstemperaturanhebung. Die Möglichkeit des Vorlagerns verliert aus konstruktiven Gründen den Temperatureinfluss (siehe Kapitel 6.1.3). Daher wird im Folgenden nur das Rücksaugen als iAGR-Variante betrachtet.

Die Menge der iAGR ist von zwei Faktoren abhängig: von der Größe des Events sowie von dem Druck im Saugrohr und im Abgas. Um eine ausreichende Temperaturanhebung zur Verbesserung der Konvertierungsrate in der Abgasnachbehandlungsanlage zu erreichen, sind genügend hohe Mengen notwendig. Dies erfordert bei der Umsetzung einer diskreten Variabilität, d. h., der Zweithub kann lediglich zu- oder abgeschaltet werden, eine geeignete Auslegung der Größe für den gewünschten Einsatzbereich im Motorkennfeld. Es ist zwar möglich, im Betrieb die Menge zusätzlich über eine Beeinflussung von Saugrohr- und/oder Abgasgegendruck mit den vorhandenen Gaspfadstellern, wie Drosselklappe, Abgasklappe oder VTG, zu steuern, allerdings geht damit immer eine Verbrauchverschlechterung einher [56]. Daher ist es zu vermeiden, die iAGR über das Drosseln des Gaspfades zu beeinflussen.

Im Folgenden wird die Auslegung des Auslasszweithubes thematisiert. Große Zweithübe führen zu hohen iAGR-Raten und sind damit zielführend für die Abgastemperaturanhebung. Allerdings führt eine Vergrößerung des Zweithubes auch zu einem Anstieg der Rußemissionen und begrenzt dadurch die realisierbare Temperaturanhebung. Abbildung 7.1 stellt den Ruß-NO_x-Trade-Off einer Hub-Variation der Temperaturmaßnahme iAGR-RS im Vergleich zu einer HDAGR-Raten-Variation dar.

© Springer Fachmedien Wiesbaden GmbH, ein Teil von Springer Nature 2019
L. Mathusall, *Potenziale des variablen Ventiltriebes in Bezug auf das Abgasthermomanagement bei Pkw-Dieselmotoren*, AutoUni – Schriftenreihe 137,
https://doi.org/10.1007/978-3-658-25901-3_7

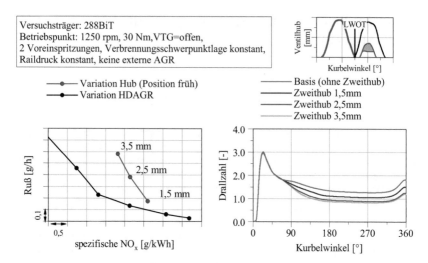

Abbildung 7.1: Ruß-NO$_x$-Trade-Off für die HDAGR und die iAGR-RS (links), Drallzahl bei Variation der iAGR-RS mittels Höhe des Zweithubes (rechts)

Es zeigt sich, wie auch schon in anderen Publikationen [39], [45], dass der Ruß-NO$_x$-Trade-Off der iAGR gegenüber einer externen HDAGR deutlich ungünstiger ausfällt. Grund dafür ist neben der stärkeren thermischen Drosselung und den unterschiedlichen Zündverzugszeiten aufgrund des heißeren zurückgeführten Abgases vor allem die negative Beeinflussung der Ladungsbewegung. Diese konnte sowohl am Strömungsprüfstand (Abbildung 6.17) als auch in einer 3D-CFD-Rechnung mittels ANSYS CFX V17.2 (Abbildung 7.1, rechts, volumengemittelte Drallzahl bezogen auf das Massenzentrum) nachgewiesen werden (Volkswagen: firmeninterne Quelle [36]). Beide Untersuchungen zeigen eine Reduzierung der Drallzahl bei zunehmendem Ventilhub des Zweithubes. Die reduzierten Ladungsbewegungen der iAGR-RS verschlechtern zum einen die Gemischaufbereitung des Kraftstoffes und zum anderen die Verteilung der iAGR-Rate im Brennraum. Beides erhöht in Summe die Rußemissionen. In [39] wurden diesbezüglich Simulationen durchgeführt, um eine Erhöhung der Ladungsbewegung und damit eine für die Rußemissionen wirksame, bessere AGR-Verteilung zu erwirken. Die Kombination der iAGR mit einem späten Einlass-Öffnen stellte sich hier als zielführend heraus. Grund dafür ist die Erzeugung einer starken Druckdifferenz zu Beginn der Ansaugphase über die Einlassventile. Hierdurch kann die Ladungsbewegung deutlich intensiviert werden.

Die Strömungsversuche aus Abbildung 6.17 sowie die Rechnungen aus Abbildung 7.1 zeigen eine deutliche Abhängigkeit der Drallzahl von der Hubhöhe des Auslasszweithubes. Daraus lässt sich schließen, dass die Parametrierung des Zweithubes einen entscheidenden Einfluss auf die Ladungsbewegung und damit auf den Ruß-NO$_x$-Trade-Off besitzt. Dies soll im Weiteren untersucht werden.

Der Zweithub ist dabei durch drei Parameter bestimmt:

- Hub,

- Position,

- Öffnungsdauer.

Abbildung 7.2 stellt den Einfluss der oben genannten Parameter auf den Ruß-NO$_x$-Trade-Off dar.

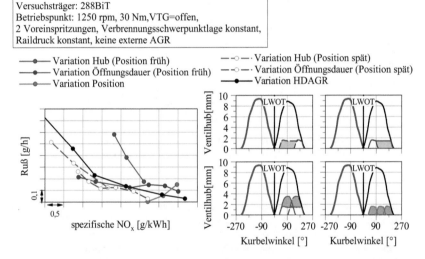

Abbildung 7.2: Einfluss auf den Ruß-NO$_x$-Trade-Off (links) und Parametervariation des Zweithubes (Hub, Öffnungsdauer, Position) (rechts)

In Abbildung 7.2 stellt die grüne Messkurve die Variation der Position des Zweithubes dar. Die blaue Messkurve zeigt die Variation der Öffnungsdauer. Dabei findet die Variation der Öffnungsdauer einmal ausgehend von der frühen Position (blau durchgezogene Linie) und einmal ausgehend von der späten Position (blau gestrichelte Linie) statt. Dieselbe Vorgehensweise ist auch in der Hubvariation (rot) wiederzufinden. Es zeigt sich, dass nicht nur eine späte Lage, sondern auch eine Variation der Öffnungsdauer hinsichtlich des Ruß-NO$_x$-Trade-Offs von Vorteil ist. Im Folgenden soll der Einfluss der Parameter auf den gezeigten Ruß-NO$_x$-Trade-Off, gestützt durch eine 3D-CFD-Rechnung mittels ANSYS CFX V17.2, analysiert werden (Volkswagen: firmeninterne Quelle [36]).

Dazu wird mit der Position des Zweithubes begonnen, da sich der Einfluss auch in Kombination mit der Parametervariation Hub und Öffnungsdauer gleichbleibend verhält. D. h., unabhängig davon ob die Öffnungsdauer bzw. der Hub variiert wird, eine späte Position des

Zweithubes führt immer zu einem besseren Ruß-NO$_x$-Trade-Off. Um den Einfluss der Positionsänderung verstehen zu können, ist eine Betrachtung des Verlaufs der Drallzahl ohne Zweithub, beginnend im oberen Totpunkt des Ladungswechsels (LWOT) bis zum Ende des Verdichtungstaktes im Zünd-OT (ZOT), notwendig. Abbildung 7.3 (links) stellt den Verlauf der Drallzahl über den Kurbelwinkel exemplarisch dar.

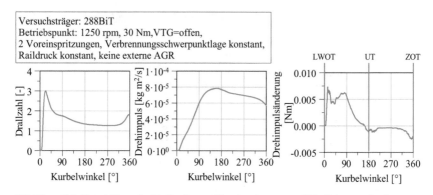

Abbildung 7.3: Entwicklung der Drallströmung über den Ansaug- und Verdichtungstakt ohne Zweithub (links: Drallzahl; mittig: Drehimpuls; rechts: Änderung des Drehimpulses)

Die Drallzahl selbst ergibt sich aus dem Verhältnis Radial- zur Axialgeschwindigkeit. Für das Verständnis zur Entstehung der Drallbewegung ist eine Betrachtung des Drehimpulses (Abbildung 7.3, mittig) und dessen Änderung (Abbildung 7.3, rechts) von größerer Bedeutung. In Abbildung 7.3 (rechts) wird deutlich, dass die erste Phase des Ansaugens (0°KW bis ca. 90°KW) entscheidend für den Aufbau eines Drehimpulses ist. Hier spielt die Einströmgeschwindigkeit des Gases eine entscheidende Rolle. Je höher diese ausfällt, desto größer ist der Drehimpuls. Die Geschwindigkeit ist dabei im Wesentlichen abhängig von:

- der Druckdifferenz über den geöffneten Ventilen und
- dem gesamten Öffnungsquerschnitt aller gleichzeitig geöffneten Ventile.

Die Druckdifferenz selber hängt wiederum von der Kolbengeschwindigkeit und von dem Druck am Eintritt der Ventile ab. Desweitern hat die Auslegung der Einlasskanäle einen entscheidenden Einfluss auf den Drall. Strömt ein Teil des Gases durch den für den Drall nicht optimierten Auslasskanal zurück, kann dies eine Reduzierung des Dralls zur Folge haben.

Durch eine frühe Position des Zweithubes wird der gesamte Ventilquerschnitt in dem Bereich vergrößert, der für den Aufbau der Drallbewegung am entscheidensten ist. Diese Querschnittvergrößerung führt zu einer Reduzierung der Strömungsgeschwindigkeit in den Zylinder und damit zu einer negativen Beeinflussung des Drehimpulses und des Dralls. Abbildung 7.4 zeigt die Verläufe der Drallzahl über dem Kurbelwinkel für drei verschiedene Positionen des Zweithubes sowie für den Referenzmesspunkt ohne Zweithub.

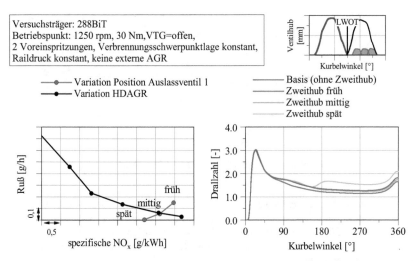

Abbildung 7.4: Einfluss der Position des Zweithubes für das Auslassventil 1 auf den Ruß-NO_x-Trade-Off (links) und auf die Drallzahl (rechts)

Ausgehend von dem Referenzmesspunkt reduziert sich durch Zuschalten des Zweithubes (frühe Position) der Drall. Eine Verschiebung in eine späte Position verbessert den Drall. Das bedeutet, je weiter der Zweithub in der zweiten und damit nicht so entscheidenden Phase für den Drehimpuls liegt, desto weniger stark reduziert sich die Drallbewegung durch den Zweithub. Dies verbessert die Verteilung der iAGR-Menge sowie die Gemischaufbereitung und führt so zu den sinkenden Rußemissionen. Die reduzierten Stickstoffoxidemissionen (Abbildung 7.4) hingegen ergeben sich durch eine höhere iAGR-Rate, da mit Verschiebung des Zweithubes nach spät zunehmend der Abgasdruckpuls von diesem überdeckt wird (Abbildung 7.5). Dadurch strömt ein höherer Massenstrom über das geöffnete Auslassventil in den Zylinder zurück.

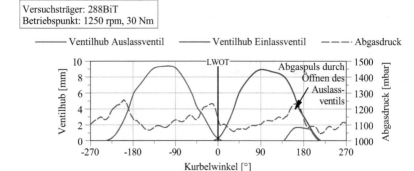

Abbildung 7.5: Lage des Zweithubes bezüglich des Abgasdruckverlaufs

Darüber hinaus führt ein maximal später Zweithub zu einer Verbesserung der Drallbewegung gegenüber der Referenz. Grund dafür ist das direkte Überströmen von Abgas aus dem Auslasskanal in den Einlasskanal. Dies wird im Folgenden näher erläutert. In Abbildung 7.6 (links) ist zum einen eine Schnittansicht längs der Zylinderachse und (rechts) zum anderen die Draufsicht des Zylinders dargestellt.

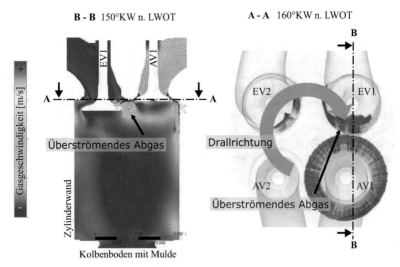

Abbildung 7.6: Geschwindigkeitsverteilung der Gasströmung im Brennraum (150°KW bzw. 10°KW nach LWOT) bei Nutzung eines späten Auslasszweithubes (Auslassventil 1)

Abbildung 7.6 zeigt die Zylinderströmung für einen Zweithub in der späten Position. Beide Ansichten skizzieren die Geschwindigkeitsvektoren der Gase, wobei in Abbildung 7.6 (rechts) nur die Geschwindigkeitsvektoren des zurückgeführten Abgases dargestellt sind. Sowohl im Längsschnitt als auch in der Draufsicht ist das Überströmen des Abgases von dem Auslassventil in das Einlassventil zu erkennen. Das Überströmen führt dazu, dass ein Teil der Strömung das Gas im Zylinder in dessen Bewegung nicht beeinflusst. Bei Verwendung des Auslassventils 1 ist es genau der Anteil, der entgegen der Hauptgasbewegung (Abbildung 7.6, rechts, grauer Pfeil) gerichtet ist und somit keinen negativen Einfluss besitzt. Der Anteil des zurückgeführten Gases, welches in Hauptrichtung der Zylindergasbewegung oder zumindestens nicht direkt entgegen wirkt, strömt in den Zylinder ein und beeinflusst dabei den Drall. Diese Drallbewegung wird durch den zu diesem Zeitpunkt hohen Abgasgegendruck angefacht. Dadurch ergeben sich bezüglich der Referenz steigende Drallzahlen über den Kurbelwinkel. Das Überströmen ist messtechnisch erfassbar. Obwohl in den Versuchen mit iAGR keine HDAGR realisiert wird, kann eine Schein-HDAGR-Rate über die entsprechende CO_2-Messstelle gemessen werden (Abbildung 7.7). Für eine genauere Beschreibung der HDAGR-Raten-Bestimmung wird auf Anhang A.1 verwiesen. Die gemessene Schein-HDAGR beweist damit das beschriebene Überströmen.

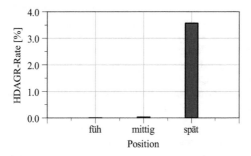

Versuchsträger: 288BiT
Betriebspunkt: 1250 rpm, 30 Nm, VTG=offen,
2 Voreinspritzungen, Verbrennungsschwerpunktlage konstant,
Raildruck konstant, keine externe AGR

Abbildung 7.7: Schein-HDAGR-Rate für die drei vermessenen Positionen des Zweithubes (Auslassventil 1)

Abbildung 7.8 zeigt dieselbe Positionsvariation des Zweithubes für das Auslassventils 2.

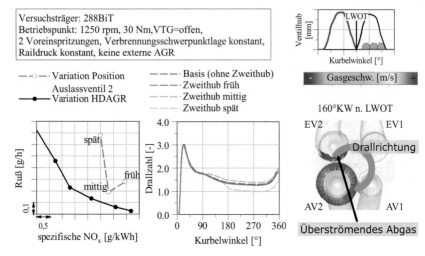

Abbildung 7.8: Einfluss der Position eines Zweithubes auf den Ruß-NO_x-Trade-Off (links), den Drallzahlverlauf über dem Kurbelwinkel (mittig) und auf das Überströmverhalten für das Auslassventil 2 (rechts)

Insgesamt besitzt der Zweithub auf dem Auslassventil 2 gegenüber dem Zweithub auf dem Auslassventil 1 ein höheres Rußniveau. Dennoch zeigt die frühe und mittige Position in der Rechnung einen neutralen bis leicht positiven Einfluss hinsichtlich der Drallzahl. Damit ist eine Verschiebung des Zweithubes aus der drallbestimmenden ersten Phase des Ansaugens weiterhin von Vorteil. Die späte Position des Zweithubes führt jedoch zu einem negativen Einfluss auf die Drallzahl infolge des Überströmens. Grund dafür ist, dass der Anteil, der in Drallrichtung einströmt, direkt in den Einlasskanal übergeht und der Anteil, der entgegen der Drallrichtung einströmt, in den Zylinder gelangt (siehe Abbildung 7.8 rechts).

Um aber eine höhere iAGR-Rate zu erzielen, muss die Eventgröße angepasst werden. Das kann über die Vergrößerung des Hubes oder aber über die Verlängerung der Öffnungsdauer des Zweithubes erfolgen. Beides vergrößert den Zeitquerschnitt. In Abbildung 7.2 stellt sich die Verlängerung der Öffnungsdauer hinsichtlich des Ruß-NO_x-Trade-Off günstiger dar.

Obwohl in beiden Fällen eine Reduzierung der Drallzahl zu beobachten ist, findet bei Vergrößerung des Hubes eine stärkere Reduzierung der Drallzahl statt. Das ergibt sich durch einen größeren Momentanquerschnitt aller gleichzeitig geöffneten Ventile. Große Querschnitte reduzieren die Geschwindigkeit des einströmenden Gases und damit den Drehimpuls (Abbildung 7.9).

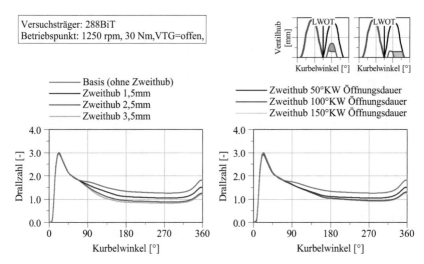

Abbildung 7.9: Einfluss der Hubvariation des Zweithubes (links) und der Längenvariation des Zweithubes (rechts) auf den Drall (Auslassventil 1)

Demgegenüber kann durch eine lange Öffnungsdauer die gleiche Abgasmenge über einen kleineren Hub und damit über einen kleineren Momentanquerschnitt des geöffneten Ventils zurückgeführt werden, was sich weniger negativ auf den Drall auswirkt. Zudem erfolgt die Abgasrückführung über einen längeren Zeitraum. Dies führt wiederum zu einer besseren Verteilung der zurückgeführten Abgasmenge, da beim Zurückströmen eine sofortige Verteilung durch die sich im Zylinder drehende Ladung erfolgt. Dahingegen wird die Abgasmenge bei großen Hüben überwiegend geschlossen in den Brennraum zurückgeführt und muss anschließend im Zylinder durch die Ladungsbewegung verteilt werden. Abbildung 7.10 zeigt die Abgasmassenkonzentration sowohl im Längsschnitt als auch im Querschnitt, die sich zum Zeitpunkt des UTs ergeben. Die Verteilung der AGR stellt sich bei einem Zweithub mit langer Öffnungsdauer homogener dar als bei einem Zweithub mit hohem Ventilhub.

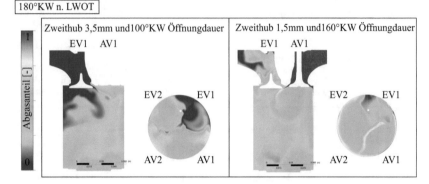

Abbildung 7.10: Verteilung der zurückgeführten Abgasmenge bei einem Zweithub mit hohem Ventilhub (links) und bei einem Zweithub mit langer Öffnungsdauer (rechts) zum Zeitpunkt LWUT

Die bessere Verteilung bei einem langen Zweithub bleibt bis zum Einsetzen der Verbrennung erhalten. Abbildung 7.11 zeigt dazu eine Auswertung der AGR-Verteilung $30°KW$ vor ZOT. Hierfür ist in den verschiedenen Querschnittsebenen entlang der Zylinderachse der Anteil der zurückgeführten Abgasmenge gemittelt. Eine vertikale Verteilung der Messpunkte im Diagramm weist dabei auf eine homogene Verteilung der Abgasmasse entlang der Zylinderachse. Dennoch zeigt sich in der Zylinderseitenansicht (Abbildung 7.11 mittig), dass selbst beim langen Zweithub über den Zylinderquerschnitt unterschiedliche Abgaskonzentrationen vorzufinden sind.

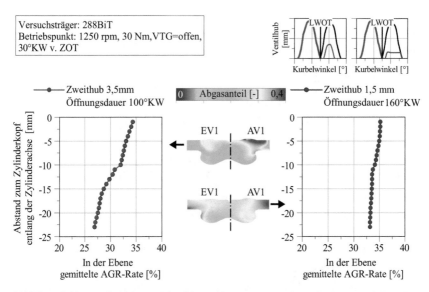

Abbildung 7.11: Verteilung der zurückgeführten Abgasmenge bei einem Zweithub mit hohem Ventilhub (links) und bei einem Zweithub mit langer Öffnungsdauer (rechts) zum Zeitpunkt $330°KW$ n. LWOT

Aus diesen Untersuchungen geht zusammenfassend hervor, dass die Größe des Zweithubes konstruktiv vor allem durch die Öffnungsdauer, also die Breite, definiert werden sollte und zwar bei minimalem Hub. Physikalisch bedeutet dies, dass ein möglichst kleiner Momentanquerschnitt zum Rückströmen freigegeben werden darf, um die Drallbewegungen im Zylinder möglichst wenig negativ zu beeinflussen. Reicht der durch die Öffnungsdauer zur Verfügung stehende Zeitquerschnitt nicht aus, um die benötigte iAGR-Menge zurückzuführen, muss dieser durch eine Vergrößerung des Momentanquerschnitt, also durch eine Anhebung des maximalen Hubs, zwangsläufig erhöht werden. Damit ist es möglich, den Ruß-NO_x-Trade-Off der iAGR durch eine richtige Parametrierung des Zweithubes auf das Niveau der HDAGR abzusenken (siehe Abbildung 7.2).

Diese Erkenntnisse werden zur Auslegung des Zweithubes für die dynamischen Untersuchungen im temperaturrelevanten Kennfeldbereich ($< 50\ Nm$ effektiv und $< 2000\ U/min$) übertragen. Dazu werden zwei Lastschnitte für drei verschiedene Zweithübe, mit einem Hub von $1,5\ mm$ und unterschiedlichen Öffnungsdauern untersucht. Abbildung 7.12 fasst die Ergebnisse zusammen.

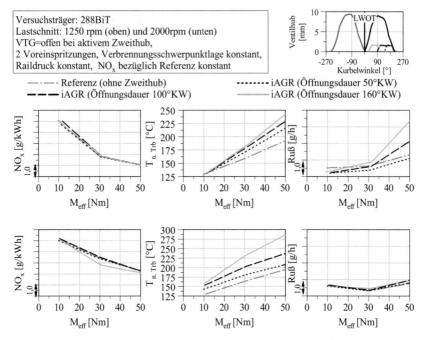

Abbildung 7.12: Lastschnitt für drei verschiedene Zweithübe (Hub: $1,5$ *mm*; Öffnungsdauer: $50°KW/100°KW/160°KW$)

In Abbildung 7.12 sind die Lastschnitte von drei verschiedenen Zweithüben dargestellt sowie ein Lastschnitt ohne iAGR, der als Referenz dient. Ziel ist, die mögliche Temperaturanhebung durch eine sukzessive Vergrößerung des Zweithubes (in diesem Fall Vergrößerung der Öffnungsdauer) gegenüber der Referenz zu ermitteln. Dabei gilt es, die Stickstoffoxidemissionen bezüglich der Referenz einzuhalten, um neben der Temperatur- auch die Rußanhebung beurteilen zu können. Das Einhalten der Stickstoffoxide bei aktiver iAGR-RS wird durch die Reduzierung der in der Serienapplikation vorhandenen NDAGR-Rate ermöglicht. Die Unterschreitung der Stickstoffoxide bei einer Drehzahl von 2000 U/min ergibt sich für den langen Zweithub trotz Reduzierung der NDAGR-Rate auf 0%.

Mit zunehmender Länge des Zweithubes steigt die erreichbare Abgastemperatur vor dem DOC aufgrund der höheren iAGR-Raten. Allerdings wird bei niedrigen Drehzahlen erst oberhalb von ca. 35 *Nm* die Zieltemperatur von 200°*C* erreicht. Dennoch sind bereits bei kleineren Lasten geringe Temperaturanhebungen möglich. Dabei zeigt das hier vermessene größte Event, bei einer Drehzahl von 1250 U/min und einer Last von 50 *Nm*, bereits eine leichte Überschreitung der maximalen Rußbeladung des DPFs von ca. 3 *g/h*. Dadurch ist es nicht möglich, eine weitere Temperaturanhebung durch Vergrößerung des Zweithubes zu erwirken, wenn eine Temperaturmaßnahme, in diesem Fall die iAGR-RS, bis etwa 50 *Nm* erforderlich ist und ein fester zu- bzw. abschaltbarer Zweithub vorausgesetzt wird.

Aus diesem Grund werden folgende Zweithübe für die dynamischen Untersuchungen verwendet:

- Ventilhub 1,5 *mm*, Position spät, Öffnungsdauer $50°KW$,

- Ventilhub 1,5 *mm*, Position spät, Öffnungsdauer $100°KW$,

- Ventilhub 1,5 *mm*, Position spät, Öffnungsdauer $150°KW$.

Diese entsprechen den in Abbildung 7.12 untersuchten Zweithüben, mit der Ausnahme, dass der größte Zweithub in der Öffnungsdauer um $10°KW$ reduziert wird, um die gemessene Überschreitung der Rußgrenze zu reduzieren.

7.2 Untersuchung frühes Auslass-Öffnen (FAÖ)

Das frühe Auslass-Öffnen hat auf den motorischen Prozess diverse Auswirkungen. Hierzu zählen die Beeinflussung des Expansions- und des Ausschiebeverlust sowie der Verlust durch Zwischenkompression im LWOT. Diese sind in Abbildung 7.13 dargestellt. Verdeutlichen lassen sich die Änderungen der genannten Verluste am besten durch die Darstellung zweier Messpunkte mit unterschiedlichen Zeitpunkten des Auslass-Öffnens.

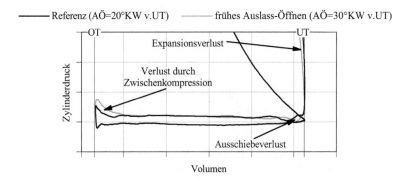

Abbildung 7.13: p-V-Diagramm mit zwei verschiedenen Zeitpunkten des Auslass-Öffnens

Der Expansionsverlust stellt den Arbeitsverlust dar, der sich durch ein vorzeitiges Beenden (bevor der Kolben am UT angelangt ist) des Arbeitstaktes ergibt. Je früher das Auslass-Öffnen stattfindet, desto größer sind die Verluste und die sich daraus ergebenden Abgastemperaturen.

Der Ausschiebeverlust ist der Verlust im Ladungswechsel, der durch die Arbeit entsteht, die der Kolben durch das Ausschieben des Abgases gegen den Abgasdruck aufbringen muss. Dieser Verlust wird daher überwiegend durch den Abgasgegendruck bestimmt, allerdings hat das Auslass-Öffnen einen entscheidenden Einfluss auf den Ausschiebeverlust im Bereich des Ladungswechsels nahe dem UT. Ein zu spätes Auslass-Öffnen führt zu einem hohen Druck im Zylinder, gegen den der sich im Ladungswechsel aufwärtsbewegende Kolben arbeiten muss.

Des Weiteren entscheidet der Zeitpunkt des Auslass-Öffnens über die Höhe und Lage (bezüglich des Kurbelwinkels) der Abgasdruckpulse im Krümmer und damit über den anliegenden Abgasdruck zum Zeitpunkt des Auslass-Schließens. Da der Pkw-Dieselmotor aufgrund seiner hohen geometrischen Verdichtung i.d.R. keinen Platz für ein geöffnetes Ventil (bezogen auf 1 *mm* Hub) im LWOT zur Verfügung stellt, muss das Auslassventil zwangsläufig davor geschlossen werden. Dadurch ergibt sich eine Restgasmasse im Zylinder, die vom Abgasgegendruck im Bereich des Auslass-Schließens abhängt. Indirekt hängt also die Restgasmenge von dem Zeitpunkt des Auslass-Öffnens ab. Dieses Restgas wird komprimiert und erzeugt damit trotz anschließender Expansion Verluste durch die Zwischenkompression im Ladungswechsel.

Eine zeitliche Verschiebung des Auslass-Öffnens beeinflusst damit ständig alle drei Verluste gleichzeitig. Abbildung 7.13 kennzeichnet die Anwendungsbereiche für ein Auslass-Öffnen.

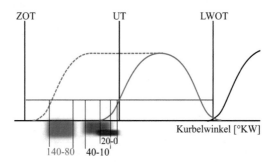

Abbildung 7.14: Einlussbereiche des Auslass-Öffnens: Verbrauchsoptimierung (grün), Low-End-Torque-Optimierung (blau), Abgastemperaturanhebung (rot)

Der Öffnungsbereich $40 - 10°KW$ vor UT stellt den relevanten Bereich dar, in dem eine betriebspunktabhängige Verbrauchsoptimierung möglich ist. Hier ist das Optimum des Auslass-Öffnens stets ein Kompromiss der drei beschriebenen Verluste. Der Bereich zur Optimierung des Low-End-Torques ($20 - 0°KW$ vor UT) deckt sich überwiegend mit dem Bereich der Verbrauchsoptimierung. Hier kann allerdings ein nahe am UT öffnendes Auslassventil die Restgasmenge im LWOT minimieren und so den Liefergrad erhöhen. Der Schwerpunkt dieser Arbeit liegt allerdings in der Abgastemperaturanhebung. Dieser ist durch den

Öffnungsbereich von $140 - 80°KW$ vor UT gekennzeichnet und wird als frühes Auslass-Öffnen bezeichnet. Abbildung 7.15 (links) zeigt die Abhängigkeit der Abgastemperatur vom Zeitpunkt des Auslass-Öffnens.

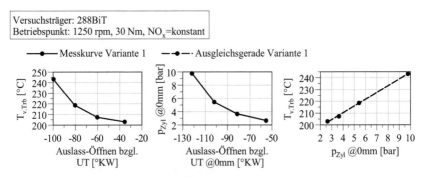

Abbildung 7.15: Variation frühes Auslass-Öffnen

Es wird ersichtlich, dass eine Verschiebung des Auslass-Öffnens erst im Bereich zwischen $60°KW$ und $80°KW$ vor UT zu einer nennenswerten Abgastemperaturanhebung führt. Dies ist für die konstruktive Umsetzung wichtig, da dies die Ausführung von Stellergliedern zur Realisierung der Ventiltriebsvariabilität maßgeblich beeinflusst. Des Weiteren ergibt sich abhängig von der Ventiltriebskonstruktion eine mechanische Grenze bezüglich des frühestmöglichen Auslass-Öffnens, da der Zylinderdruck, gegen den das Auslassventil öffnen muss, mit Frühverstellung ansteigt. Abbildung 7.15 (mittig) kennzeichnet den Verlauf des Drucks im Zylinder zum Zeitpunkt AÖ, wobei das AÖ an dieser Stelle, anderes als sonst, nicht bei einem Ventilhub von 1 *mm* definiert ist, sondern bei dem ersten messbaren Hub des Auslassventils.

Dadurch ergibt sich eine maximale Grenze der Frühverstellung und damit auch eine maximale Temperaturanhebung. Die Temperaturanhebung und die Druckanhebung zum Zeitpunkt AÖ sind also zwangsläufig gekoppelt. Diesen Zusammenhang stellt Abbildung 7.15 (rechts) dar. Der lineare Zusammenhang mit einem Anstieg von rund $5,5$ *K/bar* ist dabei eine entscheidende Kenngröße, um die Anforderung des Verfahrens auf die Konstruktion zu übertragen.

Bisher wurde das FAÖ lediglich durch eine Verschiebung der Zeitpunkte Auslass-Öffnen auf beiden Ventilen betrachtet (Abbildung 7.16, links). Jedoch ist auch eine andere Möglichkeit zur Umsetzung (Abbildung 7.16, rechts) vorstellbar.

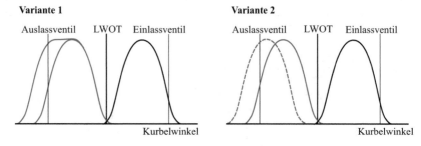

Abbildung 7.16: Varianten zur Realisierung des frühen Auslass-Öffnens

Die Variante 1 verschiebt den Zeitpunkt des AÖ auf beiden Ventilen nach früh, ohne Änderung der Schließzeitpunkte. Die Variante 2 verschiebt die gesamte Auslasserhebungskurve, also damit auch den Zeitpunkt des Auslass-Schließens, von nur einem Ventil nach früh. Hintergrund dieser Untersuchung ist der deutlich geringere konstruktive Aufwand der Variante 2 zur Umsetzung eines variablen Auslass-Öffnens an einem mechanischen Ventiltriebsystem. Ein Beispiel für ein solches System ist das Cam-In-Cam-System von Mahle [71], [72]. Hier wird die klassische Auslassnockenwelle durch zwei konzentrische Wellen ersetzt, auf denen jeweils ein Auslassnocken eines Zylinders sitzt. Durch einen Phasensteller kann die eine Nockenwelle und damit der eine Auslassnocken gegenüber der anderen Welle bzw. dem anderen Auslassnocken verschoben werden.

Abbildung 7.17 zeigt die Ergebnisse des frühen-Auslass-Öffnens beider Varianten aus Abbildung 7.16 in der Form von Abbildung 7.15.

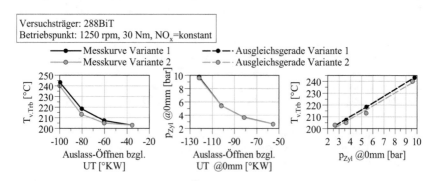

Abbildung 7.17: Variation frühes Auslass-Öffnen für Varianten 1 und 2

Die Variante 2 zeigt als einzigen Unterschied bei gleichem AÖ eine um ca. 5 K geringere Temperatur bezüglich der Variante 1. Der Zusammenhang zwischen der Änderung der Temperatur und der Änderung des Zylinderdrucks beim AÖ weist keine Differenzen auf.

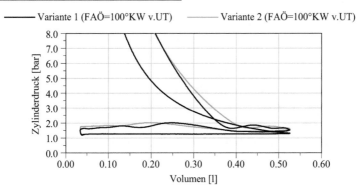

Abbildung 7.18: p-V-Diagramm für Variante 1 und 2 bei $A\ddot{O} = 100°KW$ v. UT

Demnach ist von einer gleichen mechanischen Beanspruchung auszugehen. Die Temperaturverschiebung in Abbildung 7.17 (links) lässt sich durch die unterschiedlichen Expansionsverläufe erklären (Abbildung 7.18).

Wie in Abbildung 7.18 zu sehen, ergibt sich bei der Realisierung des frühen Auslass-Öffnens durch die Variante 2 ein höherer Zylinderdruck in der Expansion. Dies bedeutet, dass trotz gleichem AÖ die Expansionsverluste und damit die Temperaturanhebung geringer ausfällt. Grund dafür ist der geringere Gesamtöffnungsquerschnitt, da bei Variante 2 zunächst nur ein Ventil, bei Variante 1 jedoch zwei Ventile gleichzeitig geöffnet sind. Dadurch strömt ein geringerer Abgasanteil in den Auslasskanal, sodass mehr Gas zur Verrichtung der Expansionsarbeit an dem Kolben im Zylinder erhalten bleibt. Im Umkehrschluss führt die Variante 2 damit auch zu einem geringeren Verbrauch bezüglich gleichem AÖ.

Um die beiden Varianten aus Verfahrenssicht besser zu vergleichen, wird der Verbrauch, wie bereits in den vorherigen Kapiteln, über die Abgastemperaturanhebung dargestellt (Abbildung 7.19).

Es ergibt sich bezüglich gleicher Abgastemperaturanhebungen für die Variante 2 aus Abbildung 7.16 bei sehr frühem Auslass-Öffnen ein Verbrauchsvorteil. Dies lässt schlussfolgern, dass Variante 2 gegenüber der Variante 1 einen weiteren Temperatureinfluss besitzt. In Abbildung 7.18 kann dieser Einfluss nachvollzogen werden. Am Ende des Ausschiebetaktes ist ein höherer Druck im Zylinder vorhanden. Dieser ist ebenfalls auf einen geringeren Gesamtöffnungsquerschnitts der Variante 2 gegenüber der Variante 1 zurückzuführen. Dadurch wird das Abgas am Ausströmen stärker gehindert, was zu einer höheren Restgasmenge führt, die ähnlich wie eine iAGR die Füllungstemperaturen anhebt und so zu einer höheren Abgastemperatur bezüglich gleichem Verbrauch führt. Während sich der Hochdruckwirkungsgrad durch einen geringeren Expansionsverlust in Variante 2 besser darstellt, verschlechtert sich

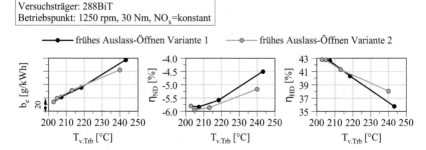

Abbildung 7.19: Variation frühes Auslass-Öffnen für Varianten 1 und 2

der Wirkungsgrad des Ladungswechsels durch den kleineren zur Verfügung stehenden Ventilquerschnitt zum Ende des Ausschiebetaktes.

Da die Variante 1 bezüglich der mechanischen Grenzen das maximale Potenzial für das Abgasthermomanagement aufweist, wird diese für die dynamischen Untersuchungen in Kapitel 8 verwendet. Zudem wurde das frühestmögliche Auslass-Öffnen an der Lastgrenze für den Einsatz von Temperaturmaßnahmen ermittelt. Dies liegt bei $110°KW$ vor UT und besitzt zu diesem Zeitpunkt einen Zylinderdruck von ca. 11 *bar*. Abbildung 7.20 zeigt eine Auswahl an Differenzkennfeldern bei Frühverstellung des Auslass-Öffnens (AÖ = $110°KW$ vor UT) bezüglich der Seriensteuerzeit (AÖ = $35°KW$ vor UT).

Die Vermessung des frühen Auslass-Öffnens wird unter ähnlichen Stickstoffoxidemissionen wie die Referenz, also Serienapplikation, durchgeführt. Abbildung 7.20 zeigt, dass in Abhängigkeit der Last die Abgastemperatur im SDPF um 20 K bis 70 K angehoben werden kann, wodurch die $200°C$-Grenze auf 20 *Nm* (effektiv) absinkt. Dabei steigt der Verbrauch überwiegend um 20% bis 25%. Auch ist, wie in Kapitel 6.1.1 bereits ermittelt, ein starker Anstieg der HC- und CO-Emissionen sowie im Ruß zu verzeichnen.

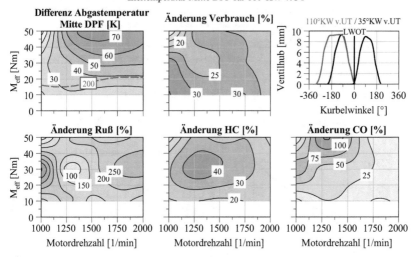

Abbildung 7.20: Differenzkennfelder für Varianten 1 bei $A\ddot{O} = 110°KW$ v. UT bezüglich der Serienansteuerzeit $A\ddot{O} = 35°KW$ v. UT

7.3 Untersuchung Zylinderabschaltung (ZAS)

Im folgenden Kapitel sollen kurz die Grundlagen der Zylinderabschaltung beim Dieselbrennverfahren zusammengetragen werden. Anschließend findet eine Untersuchung der verschiedenen Varianten zur Umsetzung der Zylinderabschaltung statt sowie eine Betrachtung der maximalen Last, bei der die Zylinderabschaltung angewandt werden kann.

Die Motivation zur Umsetzung einer Zylinderabschaltung ist, wie bereits in Kapitel 6.1.2 vorgestellt, die Erhöhung der Abgastemperatur zur Verbesserung der Konvertierungsraten in der Abgasnachbehandlungsanlage. Dabei wird eine Teilgruppe von Zylindern eines Vollmotors, i. d. R. durch Deaktivierung der Einspritzung und der Ladungswechselorgane, stillgelegt. In dem Anwendungsfall eines Vierzylindermotors sind dies zwei Zylinder, wobei aus Triebwerks- und Komfortgründen die Zylinder im Zündabstand von $360°KW$ zu deaktivieren sind. Die fehlende Kraftstoffmenge der deaktivierten Zylinder muss zur Lastpunkterhaltung auf die aktiv bleibenden Zylinder umgelagert werden, sodass eine Betriebspunktverschiebung zu höheren Lasten mit höheren Temperaturen stattfindet. Der Temperatureinfluss ergibt sich, wie in Kapitel 6.2 gezeigt, durch die reduzierte Füllung, die sich, über den gesamten Motor betrachtet, durch Wegschalten zweier Zylinder bei gleichbleibender Kraftstoffmenge in etwa halbiert. Anders als beim ottomotorischen Brennverfahren steht also beim dieselmotorischen Brennverfahren nicht die Verbrauchsreduzierung im Vordergrund. Dennoch ist auch beim Dieselmotor eine leichte Verbrauchsverbesserung im niedrigen Lastbereich erreichbar. Während beim Ottomotor vor allem die Reduzierung der Ladungswechselverluste zum Verbrauchsvorteil führt [41], [25], spielen diese beim Dieselmotor, wenn, dann nur zwangsläufig durch Änderung der VTG-Stellung eine Rolle.

Aus den Untersuchungen ist bekannt, dass der Verbrauchsvorteil zum einen aus den reduzierten Schleppmomenten resultiert und zum anderen aus der Betriebspunktverschiebung des Brennverfahrens.

Abbildung 7.21 stellt die Änderungen des Schleppmomentes dar.

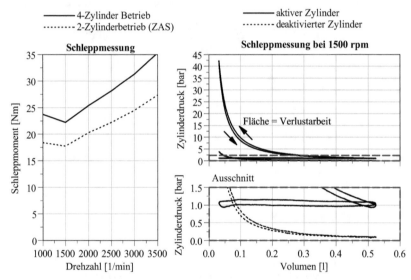

Abbildung 7.21: Reduzierung der Schleppmomente durch die Zylinderabschaltung, Drehzahlschnitt (links), p-V-Diagramm (rechts) inklusive Ausschnitt des Durckbereichs für den Ladungswechsel (rechts, unten)

Abbildung 7.21 (links) zeigt die Schleppkurve für den Vollmotorbetrieb und für die Zylinderabschaltung. Die reduzierten Schleppmomente ergeben sich zum einen durch den fehlenden Ladungswechsel der deaktivierten Zylinder sowie durch die reduzierten Wandwärme- und Blow-By-Verluste. Abbildung 7.21 (rechts) verdeutlicht die Reduzierung der genannten Verluste durch eine kleinere Fläche der Hochdruckschleife am Beispiel eines inaktiven Zylinders (Ventile bleiben im Ladungswechsel geschlossen) gegenüber einem aktiven Zylinder (Ventile werden im Ladungswechsel geöffnet) während einer Schleppmessung.

Ein weiterer Einfluss auf die Verbrauchsverbesserung ergibt sich durch die Betriebspunktverschiebung der brennenden Zylinder (Abbildung 7.22).

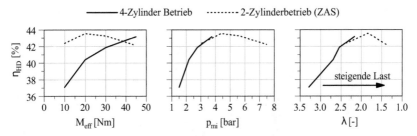

Abbildung 7.22: Einfluss der Betriebspunktverschiebung durch die Zylinderabschaltung auf den Hochdruckwirkungsgrad

Abbildung 7.22 (links) zeigt den verbesserten HD-Wirkungsgrad durch die Zylinderabschaltung, der sich, entsprechend der Abbildung 7.22 (mittig), durch die Betriebspunktverschiebung ergibt. Dieser ist durch die Reduzierung des Anteils der Wandwärmeverluste sowie durch einen besseren Umsetzungsgrad des Kraftstoffes begründet [60]. Jedoch beginnt der Hochdruckwirkungsgrad bei weiterer Anhebung des indizierten Mitteldrucks zu sinken. Grund dafür ist die Reduzierung des Luftverhältnisses (Abbildung 7.22, rechts), wodurch sich die Bedingungen zur Umsetzung von Kraftstoffenergie in Arbeit wieder verschlechtern. Dadurch verschwindet der Verbrauchsvorteil infolge der verbesserten Hochdruckschleife allmählich mit steigender Last.

Das reduzierte Luftverhältnis begrenzt aufgrund der steigenden Rußemissionen den Lastbereich, in dem eine Zylinderabschaltung zulässig ist. Jedoch ist eine Anhebung des Luftverhältnisses während der Zylinderabschaltung mittels Ladedruckanhebung unter normalen Umständen nicht möglich. Hier führt die reduzierte Füllung und damit der reduzierte Turbinen- bzw. Verdichtermassenstrom zur Betriebspunktverschiebung des Abgasturboladers in Bereiche, in denen er seine Wirkung verliert. Ein Ladedruckaufbau ist damit nicht möglich, sodass in den Versuchen zur Zylinderabschaltung die VTG des Turboladers geöffnet wird, um dessen Drosselwirkung zu reduzieren. Daraus kann sich, wie erwähnt, auch zwangsläufig eine Verbesserung des Verbrauchs durch Reduzierung der Ladungswechselarbeit im Vergleich zum Vollmotorbetrieb ergeben. Der hierdurch entstehende Verbrauchsvorteil ist von der Ladedruckapplikation des Vollmotors abhängig.

Ein 4-Zylinder Motor besitzt, unter der Einhaltung eines gleichverteilten Zündabstandes, zwei mögliche abschaltbare Zylindergruppen. Entweder können die inneren (2 und 3) oder aber die äußeren Zylinder (1 und 4) deaktiviert werden. Diese beiden Möglichkeiten sind in Abbildung 7.23 vergleichend dargestellt.

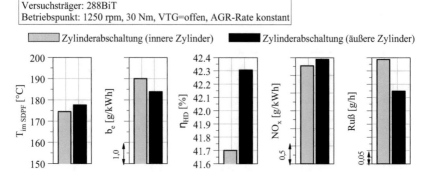

Abbildung 7.23: Vergleich zwischen Abschaltung der inneren gegenüber den äußeren Zylindern

Die Unterschiede zwischen den beiden Zylindergruppen hinsichtlich Verbrauch, Abgastemperatur und Emissionen sind sehr gering, was auf einen sehr guten Gleichlauf der Zylinder zurückzuführen ist. Die Unterschiede, die sich dennoch ergeben, sind auf die höheren Wandwärmeverluste der äußeren Zylinder zurückzuführen. So steigt bei höherem Wandwärmeverlust der Verbrauch aufgrund des schlechteren Wirkungsgrads. Damit findet die Verbrennung bei etwas niedrigeren Temperaturen statt, sodass die Stickstoffoxidemissionen und die Abgastemperatur sinken. Für die weiteren Untersuchungen werden die inneren Zylinder abgeschaltet, da diese Variante einen kleinen Vorteil hinsichtlich der Stickstoffoxidemissionen aufweist, aber vor allem da diese Variante durch den geringeren Wandwärmeverlust der inneren Zylinder die Gefahr eines zu starken Auskühlens der Brennraumwände vermindert. Dies ist bei Reaktivierung der ausgeblendeten Zylinder hinsichtlich des Emissionsverhaltens von Bedeutung.

Zur Realisierung der Zylinderabschaltung gibt es verschiedene denkbare Möglichkeiten. Diese Möglichkeiten sind in Abbildung 7.24 zusammengetragen und werden als ZASModes bezeichnet.

In Abbildung 7.24 sind zum einen die Ventilsteuerzeiten der Zylinder dargestellt, bei dem die Einspritzung deaktiviert wird. Zum anderen sind die Massenströme durch den Motor sowie die Zylinder, bei denen die Einspritzung ausgeblendet wird, abgebildet.

Das Ziel einer Zylinderabschaltung bei einem Dieselmotor ist, wie erwähnt, die Anhebung der Abgastemperatur, die im Grunde durch eine Reduzierung der Motorfüllung erreicht wird. Daher werden verschiedene ZASModes betrachtet, die sich vor allem dadurch unterscheiden, dass sie den Gasmassenstrom, also den Haupteinflussfaktor der Temperaturanhebung, über die deaktivierten Zylinder beeinflussen. In diesem Sinne bedeutet eine Deaktivierung der Zylinder lediglich eine Ausblendung der Einspritzung.

Des Weiteren soll geprüft werden, ob es möglich ist, durch alternative Umsetzungen der Zylinderabschaltung den konstruktiven Aufwand durch Wegfall von Stellgliedern (z. B. für ZASModes 02, 03 und 05) zu vereinfachen.

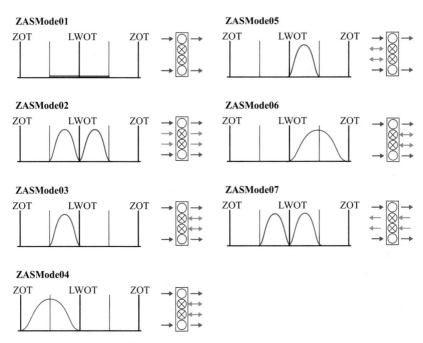

Abbildung 7.24: Varaianten der Zylinderabschaltung (ZASModes) bezüglich der Beeinflussung des Gasmassenstroms über die deaktivierten Zylinder

ZASMode01 stellt die klassische Umsetzung einer Zylinderabschaltung dar. Sowohl die Einspritzung als auch die Ladungswechselorgane werden deaktiviert. Dadurch strömt kein Massenstrom über die deaktivierten Zylinder. ZASMode02 verzichtet, im Gegensatz zur klassischen Zylinderabschaltung, auf die Abschaltung der Ventile, sodass ein Massenstrom durch die deaktivierten Zylinder strömt. In ZASMode03 wird neben der Einspritzung nur das Einlassventil abgeschaltet und reduziert damit den Aufwand zur Umsetzung der Zylinderabschaltung. Bei diesem ZASMode gelangt Abgasmasse vom Krümmer in den Zylinder, wird jedoch gleich wieder zurückgeschoben. In Erweiterung dazu wird der ZASMode04 untersucht. Hier findet durch eine Verlängerung der Auslassöffnungsdauer ein vollständiger Ladungswechsel, mit Ansaugen und Ausstoßen, über die Auslassventile statt. Eine Zirkulation des Massenstroms über die Auslassventile, wie sie im ZASMode03 und 04 realisiert sind, kann auch über die Einlassventile erfolgen. Dazu werden die ZASModes05 und 06 untersucht. Der ZASMode07 ermöglicht es in letzter Konsequenz, hinsichtlich der Beeinflussung des Massenstroms über die deaktivierten Zylinder, diesen umzukehren. Damit gelangt verbranntes Abgas auf die Frischluftseite. Dies stellt eine Art der internen Abgasrückführung dar. Allerdings gelangt auf diese Art genauso viel Abgas wie Frischluft in die aktiven Zylinder, was bei dem ohnehin schon niedrigen Luftverhältnis zum Aussetzen der Verbrennung führt. Eine Verkürzung der Öffnungsdauer der Einlass- und Auslasssteuerzeit, dies gilt lediglich für die deaktivierten Zylinder, könnte den Massenstrom vom Abgaskrümmer in das Saugrohr und damit den Anteil an zurückgeführtem Abgas reduzieren. Dies ist jedoch nicht Gegenstand dieser Arbeit, da der ZASMode07 eine Kombination aus Zylinderabschaltung und interner AGR darstellt.

Zunächst soll der Einfluss bezüglich der Abgastemperatur und bezüglich des Verbrauchs für verschiedene ZASModes betrachtet werden.

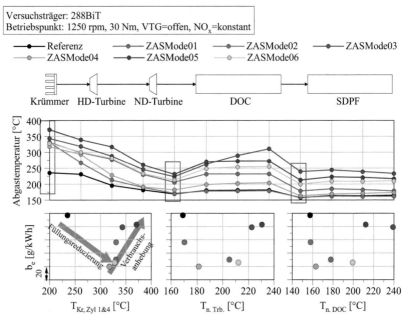

Abbildung 7.25: Vergleich der Temperaturverläufe verschiedener ZASModes sowie Vergleich des Verbrauchs bezüglich Abgastemperatur im Krümmer, nach Turbine und nach DOC

In Abbildung 7.25 sind im oberen Teil die Abgastemperaturen der verschiedenen ZASModes an zwölf Messstellen abgetragen. Die Positionen der Temperaturmessstellen sind anhand der schematischen Darstellung der Abgasanlage oberhalb des Diagramms abzulesen. Im unteren Teil der Abbildung ist der Verbrauch über drei ausgewählte Temperaturmessstellen abgebildet. Dazu gehören die Abgastemperatur im Krümmer (Mittelwert aller Austritte der brennenden Zylinder), die Abgastemperatur nach dem ATL und damit vor dem DOC sowie die Abgastemperatur zwischen DOC und SDPF. Ausgehend vom Referenzmesspunkt, dieser stellt den Vollmotorbetrieb dar, wird durch eine Abschaltung der Zylinder (z. B. ZASMode01) der Verbrauch abgesenkt und die Abgastemperatur im Krümmer angehoben. Die Verbrauchsabsenkung ergibt sich aus den zuvor beschriebenen Effekten (reduzierte Schleppverluste, Betriebspunktverschiebung und Ladungswechselreduzierung), wobei in diesem Fall die Reduzierung der Ladungswechselarbeit den größten Anteil besitzt. Grund dafür ist die sehr hohe Ladedruckapplikation des Referenzmesspunktes. Wie bereits erwähnt, wird durch die Zylinderabschaltung der Betriebspunkt des Abgasturboladers in einen hinsichtlich des Ladedrucks unwirksamen Bereich verschoben. Daher wird die VTG für die ZASModes geöffnet. Welchen Einfluss eine VTG-Variation bezüglich Verbrauch und Abgastemperatur besitzt, wird in Kapitel 7.4 thematisiert.

Der Unterschied der ZASModes hinsichtlich der Abgastemperatur $T_{Kr,Zyl\ 1\&4}$ korreliert sehr gut mit dem Verbrauch, sodass davon auszugehen ist, dass die Verbrauchserhöhung den Haupteinfluss auf die Abgastemperatur darstellt. Die unterschiedlichen Verbräuche ergeben sich vor allem durch die unterschiedlichen Ladungswechselarbeiten. Diese sind auf die unterschiedlichen Massenstrombewegungen durch den Motor sowie auf den Ladungszustand nach Abschluss des Ladungswechsels zurückzuführen (siehe Abbildung 7.24). Wird der Ladungswechsel im OT beendet, wie z. B. in ZASMode03, 04 und 06, so ist keine Ladung im Zylinder während der geschlossenen Ventile vorhanden. Dadurch reduzieren sich Wandwärme- und Blow-By-Verluste der deaktivierten Zylinder. Wird hingegen der Ladungswechsel im UT beendet, wie z. B. in ZASMode02 und 05, ist im Zylinder eine Ladung während der geschlossenen Ventile vorhanden, mit entsprechendem Einfluss auf Wandwärme- und Blow-By-Verluste der deaktivierten Zylinder.

Eine Besonderheit stellt der ZASMode02 dar, der an dieser Stelle nur eine Scheintemperatur wiedergibt, da die Abgaskrümmertemperaturen der deaktivierten Zylinder nicht in diese Messstelle miteingehen. Somit kann beim ZASMode02 erst stromabwärts eine Aussage zur Abgastemperatur getroffen werden, z. B. an der Messstelle zwischen ATL und DOC. Hier zeigt der ZASMode02, welcher relativ kalte Frischluft durch die deaktivierten Zylinder in das Abgas transportiert, nach vollständiger Durchmischung mit dem heißen Abgasmassenstrom keinen Temperaturvorteil gegenüber der Referenz. Dieses Verhalten ist plausibel, da der aus Kapitel 6.2 ermittelte Haupteinflussfaktor der Zylinderabschaltung für den ZASMode02 wegfällt. Die anderen ZASModes zeigen weiterhin einen Temperaturvorteil.

Eine Betrachtung der Abgastemperatur weiter stromabwärts an der Messstelle zwischen DOC und SDPF zeigt einen weiteren Temperatureinfluss, durch exothermische Reaktionen im DOC. Dieser spiegelt sich in Abbildung 7.25 (oberer Teil) am Eintritt des DOC durch einen Temperaturanstieg stromabwärts wider.

Der ZASMode03 weist hierbei einen besonders hohen Temperaturanstieg durch exothermische Reaktionen im DOC auf. Eine Berechnung des Temperaturanstieges durch die im Abgas chemisch gebundene Energie infolge der unvollkommenen und unvollständigen Verbrennung erklärt den Unterschied des Temperaturanstieges im Vergleich zu den anderen ZASModes nicht. Hier ist davon auszugehen, dass eine nennenswerte Ölansaugung im Zylinder stattfindet. Dies erfolgt durch einen starken Unterdruck im Zylinder, der sich durch die Beendigung des Ladungswechsels im OT ergibt. Dadurch befindet sich kein Gas im Zylinder, was durch eine Abwärtsbewegung des Kolbens Richtung UT zu einem starken

Unterdruck führt. Das angesaugte Öl wird danach ausgestoßen und im DOC in thermische Energie umgesetzt.

Unterschiede zwischen den ZASModes sind auch in den Emissionen wiederzufinden. Dabei werden die spezifischen Stickstoffoxidemissionen durch Anpassung der NDAGR-Rate bezüglich des Referenzpunktes konstant gehalten.

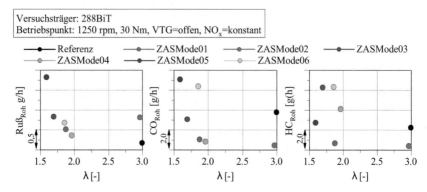

Abbildung 7.26: Emissionsvergleich der ZASModes

Hier zeigt sich das Luftverhältnis als wesentlicher Einflussfaktor. Dieses ändert sich infolge der Verbrauchsänderung, die, wie erwähnt, aufgrund der geänderten Massenstrombewegungen durch den Motor die Ladungswechselarbeit beeinflusst. Der ZASMode02 stellt allerdings eine Ausnahme dar, da aufgrund des Massenstroms über die nicht brennenden Zylinder das Luftverhältnis im Brennraum nicht mit dem gemessenen Luftverhältnis im Abgas übereinstimmt.

Die klassische Zylinderabschaltung (ZASMode01) stellt damit einen guten Kompromiss hinsichtlich Verbrauch, Temperatur, Emissionen und Aufwand dar. Der ZASMode02 zeigt keinen Temperaturvorteil und ist damit nicht zielführend. Der sich ergebende Verbrauchsvorteil gegenüber der Referenz ergibt sich alleine durch die unterschiedliche Ladedruckapplikation. Eine Reduzierung des konstruktiven Aufwandes zur Umsetzung der Zylinderabschaltung durch die ZASModes03 und 05 ist nur durch Inkaufnahme einer deutlichen Verbrauchsanhebung bezüglich der klassischen Zylinderabschaltung zu erwirken. ZASMode04 zeigt stromabwärts keinen Temperaturvorteil gegenüber ZASMode01 und ZASMode06. Des Weiteren würde sich kein konstruktiver Vorteil ergeben, sodass für die dynamischen Untersuchungen in Kapitel 8 die klassische Zylinderabschaltung, mit Deaktivierung der Einspritzung und Deaktivierung der Ventilerhebungskurven von Einlass und Auslass, verwendet wird.

Im Folgenden soll der Lastbereich der Zylinderabschaltung genauer beleuchtet werden. Hier stellte sich bereits heraus, dass bei einer Zylinderabschaltung die Reduzierung des Massenstroms zu einer geringeren Wirksamkeit des Abgasturboladers führt. Wie stark die Wirksamkeit des Laders beeinträchtigt ist, hängt von der Motordrehzahl und der Größe des ATL ab. Während bei einem Konzept mit nur einem Abgasturbolader dieser für einen halbierten Massenstrom meist zu groß ist, kann bei einem Konzept mit zwei Abgasturboladern eine Turbine ausreichend klein sein, um zumindest einen geringen Ladedruck zu erzeugen. Dennoch ist bei beiden Konzepten mit einer Einschränkung des Ladedrucks während der Zylinderabschaltung zu rechnen, was zu einem reduzierten Luftverhältnis führt und damit zu einem eingeschränkten Lastbereich. Abbildung 7.27 zeigt für den verwendeten Versuchsträger 288BiT drei Lastschnitte bei zwei verschiedenen Drehzahlen.

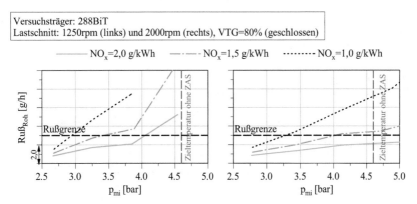

Abbildung 7.27: Abhängigkeit der Lastgrenze bei aktiver Zylinderabschaltung bezüglich der Emissionsgrenzen

Die Lastschnitte bezüglich einer Drehzahl unterscheiden sich hinsichtlich der Stickstoffoxidemissionen. Diese werden durch Anpassung der NDAGR-Rate beeinflusst. Zusätzlich ist die Last markiert, bei der eine Abgastemperatur von $200°C$ vor dem DOC erreicht wird sowie eine gängige Applikationsgrenze für die Rußemissionen. Es wird ersichtlich, bis zu welcher Last eine Temperaturmaßnahme, in diesem Fall die Zylinderabschaltung, notwendig ist und bis zu welcher Last die Zylinderabschaltung unter Einhaltung der Emissionsgrenzen eingesetzt werden kann. Dabei ist es notwendig, die Rohemissionsgrenzen ein wenig aufzugeben, um die Zylinderabschaltung im gesamten temperaturrelevanten Bereich anzuwenden. Inwieweit dies möglich ist, muss in den dynamischen Versuchen beurteilt werden.

7.4 Untersuchung der Füllungsreduzierung

Die Füllungsreduzierung stellt eine konventionelle Temperaturmaßnahme dar und wird durch Reduzierung des Saugrohrdrucks umgesetzt. Die Saugrohrdruckreduzierung findet dabei zunächst durch Abbau des Ladedrucks mittels Öffnen der VTG und anschließend durch

Schließen der Drosselklappe statt. Der Einfluss der Drosselklappe auf die Abgastemperatur wurde bereits in Kapitel 6.1.2 untersucht. Daher steht in diesem Kapitel die Beeinflussung der Füllung mittels VTG im Fokus. Ein Verständnis über den Einfluss ist deshalb wichtig, da:

- die Temperaturmaßnahmen ZAS und iAGR ein teilweises bzw. vollständiges Öffnen der VTG erfordern,

- die Änderung der Abgastemperatur nach Turbine durch Eingriffe der VTG bisher nicht betrachtet wurde.

Abbildung 7.28 stellt die Füllungsreduzierung über die Abgastemperaturänderung nach den beiden Abgasturboladern $\Delta T_{n.Trb}$ dar.

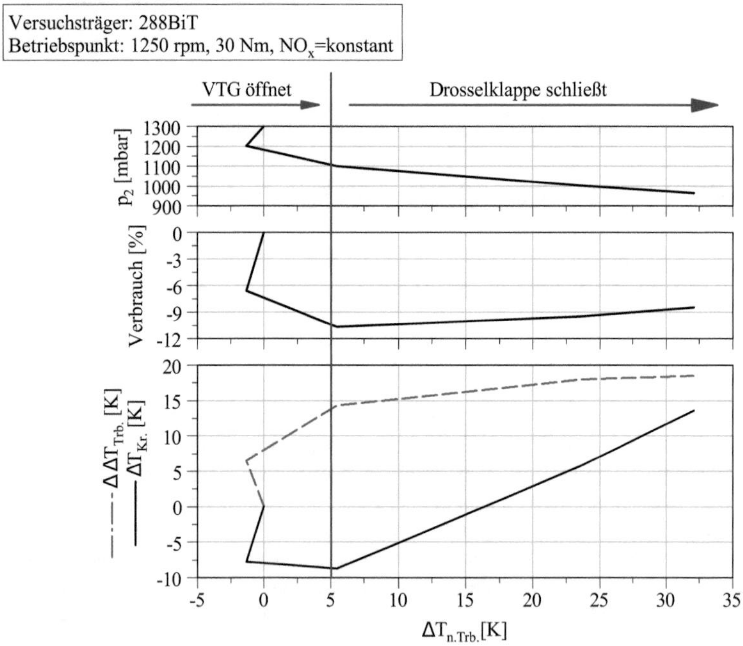

Abbildung 7.28: Einfluss der Füllungsreduzierung auf die Abgastemperatur

In Abbildung 7.28 sind der Saugrohrdruck, die relative Verbrauchsänderung sowie zwei Temperaturänderungen abgetragen. Dabei beschreibt ΔT_{Kr} die Änderung der Abgastemperatur im Krümmer und $\Delta\Delta T_{Trb}$ die Änderung der Temperaturdifferenz über die beiden Turbinen.

Zunächst wird der Saugrohrdruck lediglich über die VTG reduziert. Infolgedessen reduziert sich der Verbrauch um etwa 10% und die Abgastemperatur $T_{n.Trb}$ steigt um 5 K. Bei weitere Füllungsreduzierung mittels Drosselklappe kann die Temperatur $T_{n.Trb}$ weiter angehoben werden, allerdings nur in Begleitung eines Mehrverbrauchs. Die Zusammenhänge der Temperaturänderung $\Delta T_{n.Trb}$ sollen im Folgenden genauer beleuchtet werden. Hierzu dienen die Betrachtung der Temperaturänderung ΔT_{Kr} sowie die Betrachtung der Änderung der Temperaturdifferenz $\Delta \Delta T_{Trb}$ über die Temperaturänderung $\Delta T_{n.Trb}$.

Die Füllungsreduzierung mittels Drosselklappe in Abbildung 7.28 zeigt, dass die Änderung der Temperaturdifferenz $\Delta \Delta T_{Trb}$ keinen Einfluss auf die Abgastemperaturänderung $\Delta T_{n.Trb}$ besitzt, sodass diese ausschließlich von der Abgastemperaturänderung ΔT_{Kr} abhängig ist. Diese steigt beim Androsseln durch die Reduzierung der Füllung und durch die Anhebung des Verbrauchs, wie es bereits in Kapitel 6.2 vorgestellt wurde.

Anders sieht es bei der Füllungsreduzierung mittels VTG aus. Hier ist sowohl eine Temperaturänderung ΔT_{Kr} als auch eine Änderung der Temperaturdifferenz $\Delta \Delta T_{Trb}$ über die Abgastemperaturänderung $\Delta T_{n.Trb}$ zu sehen. Die Abgastemperatur T_{Kr} wird beim Öffnen der VTG dabei durch drei Effekte beeinflusst:

- die Reduzierung des Verbrauchs senkt die Abgastemperatur,

- die Reduzierung der Füllung erhöht die Abgastemperatur,

- die Reduzierung des Abgasgegendrucks senkt die Restgasmenge und damit die Abgastemperatur.

In der Summe führen die drei Effekte beim Öffnen der VTG, zu einer Reduzierung der Abgastemperatur T_{Kr} (siehe Abbildung 7.28, unten). Dass der Einfluss der Restgasmenge nennenswert ist, lässt sich durch Abbildung 7.29 abschätzen.

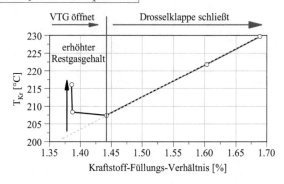

Abbildung 7.29: Änderung der Abgastemperatur in Abhängigkeit des Kraftstoff-Füllungs-Verhältnisses

Hier ist die Abgastemperatur T_{Kr} über das Verhältnis Kraftstoff- zu Füllungsmasse abgetragen. Diese Darstellung ist bereits aus Kapitel 5.2 bekannt. Des Weiteren ist aus Kapitel 6.2 bekannt, dass die Temperaturänderung durch Variation der Drosselklappe näherungsweise lediglich von der Füllung und der Kraftstoffmenge abhängt. Diese Abhängigkeit ist linear. In Abbildung 7.28 stellt der lineare Zusammenhang die Variation der Drosselklappe dar und damit in erster Näherung den Anstieg für den in Kapitel 5.2 hergeleiteten Zusammenhang zwischen Abgastemperatur und Kraftstoff-Füllungs-Verhältnis. Daher kann diese gedachte Linie verlängert werden. Weicht die Messkurve von dieser Linie ab, deutet dies auf einen Temperatureinfluss unabhängig von der Füllung oder der Kraftstoffmenge hin. Dies gilt für den Variationsbereich der VTG. Hier wird die im Zylinder verbleibende Restgasmenge geändert, die wie eine interne AGR zu einer Füllungstemperaturanhebung führt.

Des Weiteren wird die Temperaturänderung $\Delta T_{n.Trb}$ durch die Änderung der Abgastemperaturdifferenz $\Delta\Delta T_{Trb}$ während des Öffnens der VTG beeinflusst. Die Turbinen stellen im Abgas eine Temperatursenke dar, da sie diesem Energie zur Anhebung des Ladedrucks entziehen. Wird die VTG geöffnet, sinkt das Druckverhältnis über die Turbinen und damit die Energieentnahme aus dem Abgas. Folglich fällt die Temperatursenke kleiner aus, sodass sich, wie in Abbildung 7.28 (unten), ein Anstieg der Temperaturdifferenz $\Delta\Delta T_{Trb}$ bezüglich der Ausgangssituation ergibt.

In Abbildung 7.30 sind die aus Abbildung 7.28 gezeigten Abgastemperaturänderungen ΔT_{Kr} und $\Delta T_{n.Trb}$ sowie die Änderung der Temperaturdifferenz $\Delta\Delta T_{Trb}$ für eine offene VTG bezüglich der Serien-Ladedruckapplikation in einem relevanten Kennfeldbereich dargestellt.

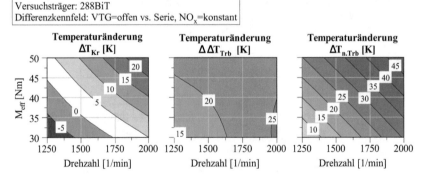

Abbildung 7.30: Einfluss des VTG-Öffnens auf die Abgastemperatur ΔT_{Kr}, $\Delta T_{n.Trb}$ sowie auf die Abgastemperaturdifferenz $\Delta\Delta T_{Trb}$

Es zeigt sich, dass die Abgastemperaturänderung ΔT_{Kr} beim Öffnen der VTG mit zunehmender Last und Drehzahl steigt und sogar positive Werte annimmt, sprich zu einer Temperaturanhebung führt. Die Änderung der Temperaturdifferenz $\Delta\Delta T_{Trb}$ zeigt einen deutlich geringeren Einfluss über Drehzahl und Last, sodass die Änderung der Abgastemperatur $\Delta T_{n.Trb}$ im Kennfeld hauptsächlich von der Änderung der Temperatur ΔT_{Kr} beeinflusst wird. Allerdings fällt die Temperaturanhebung $\Delta T_{n.Trb}$ und damit die Eingangstemperatur für die Abgasnachbehandlungsanlage in Summe zu niedrigen Lasten und Drehzahlen geringer aus.

8 Dynamische Untersuchungen zum Abgasthermomanagement

In diesem Kapitel sollen die priorisierten VVT-Temperaturmaßnahmen frühes Auslass-Öffnen (FAÖ), Zylinderabschaltung (ZAS) sowie die interne Abgasrückführung mittels Rücksaugen (iAGR-RS) hinsichtlich der Wirksamkeit auf das Abgasthermomanagement untersucht werden. In Kapitel 6 wurden die Maßnahmen bisher nur als Temperaturmaßnahmen betrachtet, d. h., es stand lediglich die mögliche Temperaturanhebung unter stationären Bedingungen im Vordergrund. In den dynamischen Abläufen spielen jedoch die Energietransportvorgänge in der Abgasnachbehandlungsanlage (ANB) eine wichtige Rolle, sodass die Temperatur nur eine Einflussgröße darstellt. Der Abgasmassenstrom ist ebenfalls ein wichtiger Einflussfaktor. Dieser Faktor kann stationär nicht bewertet werden. Beeinflusst durch den Massenstrom wird z. B. die Abgasenthalpie, die eine wichtige Größe bezüglich des Aufheizens darstellt. Jedoch wurde in Kapitel 3.4 auch gezeigt, dass der Abgasmassenstrom einen entscheidenden Einfluss auf das Auskühlverhalten hat sowie das Temperaturniveau durch Wärmewellen in der ANB bestimmt wird. Aus diesen Gründen ist eine dynamische Betrachtung unerlässlich. Im Vergleich zu den VVT-Temperaturmaßnahmen werden die konventionellen Maßnahmen (Füllungsreduzierung und Hochdruckabgasrückführung), die durch Eingriffe in den Gaspfad die Abgastemperatur anheben, untersucht.

Die folgenden Untersuchungen zum Abgasthermomanagement unterteilen sich thematisch entsprechend der in Kapitel 3.1 vorgestellten Betriebsstrategien in Warmhalten und Aufheizen. Grund dafür sind die erläuterten unterschiedlichen Anforderungen der Betriebsstrategien sowie die unterschiedlichen Eigenschaften der untersuchten VVT-Temperaturmaßnahmen. Damit ergeben sich, wie in Kapitel 4.3 beschrieben, zwei Versuchsmethoden, die sich hinsichtlich der Vorkonditionierung unterscheiden. Für die Untersuchungen zum Thema Warmhalten wird der Versuchsträger, also der Motor und die Abgasnachbehandlungsanlage, vor dem Beginn vorkonditioniert. Dies simuliert einen betriebswarmen Motor, der durch eine anschließende niedriglastige Betriebsphase auszukühlen droht. Das Thema Aufheizen wird dabei durch Versuche abgedeckt, die ohne vorkonditioniertes Aggregat beginnen. Dadurch wird ein Motorstart simuliert, in dem es darauf ankommt, möglichst schnell die Zieltemperatur zu erreichen. Um den Einfluss der Temperaturmaßnahmen deuten zu können, ist die Wahl des Lastprofils für die dynamischen Untersuchungen wichtig (siehe Kapitel 4.3).

Da der NEFZ aufgrund geringer Lastanforderungen und langer Stillstandszeiten einen temperaturkritischen Zyklus darstellt, wird dieser als beispielhafter Zyklus im Folgenden verwendet. Zur Reduzierung des Versuchsaufwandes wird lediglich der temperaturrelevante Stadtteil betrachtet. Als Versuchsträger steht der 288BiT Motor zur Verfügung, der in Kapitel 4.1 bereits vorgestellt wurde.

© Springer Fachmedien Wiesbaden GmbH, ein Teil von Springer Nature 2019
L. Mathusall, *Potenziale des variablen Ventiltriebes in Bezug auf das Abgasthermomanagement bei Pkw-Dieselmotoren*, AutoUni – Schriftenreihe 137, https://doi.org/10.1007/978-3-658-25901-3_8

8.1 Methode zur Bewertung des Abgasthermomanagements

Das Ziel der Abgastemperaturanhebung ist, die Konvertierungsrate der katalytischen Reaktionen im DOC sowie im SCR zu verbessern. Da es aufgrund der zur Verfügung stehenden Messtechnik nicht möglich war, Konvertierungsraten zu bestimmen, kommt der Bewertung der Temperaturanhebung eine entscheidende Rolle zu. Hier gibt es für die folgenden Versuche verschiedene Möglichkeiten, wie z. B. die Bewertung des gesamten Temperaturverlaufs durch einen entsprechenden Mittelwert oder aber die Bewertung von lokalen Temperaturänderungen, d. h. von relevanten Bereichen eines Zyklus. In Abbildung 8.1 ist ein typischer Abgastemperaturverlauf (im DOC) eines NEFZ, ausgehend von einer vorkonditionierten ANB, dargestellt.

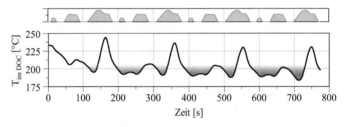

Abbildung 8.1: Temperaturverlauf eines NEFZ (Warmhalten)

In Abbildung 8.1 sind die Bereiche markiert, in denen die Abgastemperatur unterhalb einer Zieltemperatur fällt und damit eine unzureichende Umsetzung der Schadstoffe droht.

Wird eine Temperaturmaßnahme hinsichtlich der Änderungen des Temperaturmittelwertes betrachtet, so werden die Bereiche mit ausreichend hohen Temperaturen und die Bereiche mit zu niedrigen Temperaturen gleichermaßen bewertet. Damit führt eine Temperaturanhebung außerhalb der Problemzonen zu einer positiven Bewertung der Temperaturmaßnahme, ohne dass der eigentlich kritische Temperaturbereich davon beeinflusst wird. Umgekehrt würde eine Temperaturreduzierung oberhalb der Zieltemperatur negativ bewertet werden. Es besteht also die Gefahr, dass durch den Kennwert Temperaturmittelwert eine falsche Interpretation der Temperaturmaßnahmen hinsichtlich der zu verbessernden Konvertierungsraten erfolgt. Aus diesem Grund wird ein Kennwert zur Beurteilung herangezogen, der eine lokale Betrachtung der relevanten Zyklusbereiche (siehe Abbildung 8.1) zulässt. Dazu wird der Zeitanteil bestimmt, in dem die Temperatur unterhalb eines gewissen Temperaturniveaus liegt. Abbildung 8.2 zeigt beispielhaft für den Temperaturverlauf aus Abbildung 8.1 die kumulierte relative Häufigkeitsverteilung der Abgastemperatur im DOC.

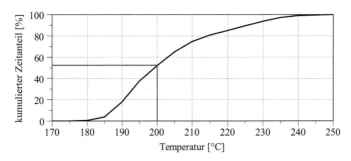

Abbildung 8.2: Kumulierte relative Häufigkeitsverteilung der Abgastemperatur im DOC zur Bewertung des Warmhaltens

Hiermit lässt sich in Abhängigkeit der Zieltemperatur der Zeitanteil unterhalb dieser ermitteln. So ergibt sich für eine Zieltemperatur von $200°C$ ein Zeitanteil, in dem die $200°C$ unterschritten werden, von etwa 50%. Dieser Kennwert stellt damit ein Maß für die Phase dar, in der eine unzureichende Konvertierung der ANB wahrscheinlich ist. Reduziert sich dieser Wert, werden die in Abbildung 8.1 markierten Bereiche und damit die eigentlichen Problemzonen verringert.

Ein ähnliches Problem ergibt sich für die Bewertung des Aufheizens. Beim Aufheizen geht es allerdings um ein möglichst schnelles Erreichen der Zieltemperatur. Da abhängig vom Zyklus mehrere Zeitpunkte existieren, in denen die Zieltemperatur überschritten wird, ist ebenfalls ein geeigneter Kennwert erforderlich, um das endgültige Erreichen einer ausreichend warmen ANB zu kennzeichnen.

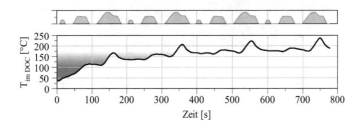

Abbildung 8.3: Temperaturverlauf eines NEFZ (Aufheizen)

Der Unterschied zum Warmhalten liegt in der Angabe der Zeit, die hier nicht in relativer, sondern in absoluter Form vorliegt.

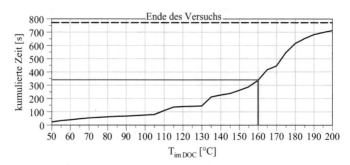

Abbildung 8.4: Kumulierte Häufigkeitsverteilung der Abgastemperatur im DOC zur Bewertung des Aufheizens

Abschließend soll eine kurze Betrachtung bezüglich der erforderlichen Zeit bis zur Aktivierung der ANB erfolgen. Diese Betrachtung ist sehr stark vereinfacht, ermöglicht aber eine Abschätzung der Größenordnung. Ausgehend von einem festgelegten Rohemissionsziel, ergibt sich unter Einhaltung der gesetzlichen Grenzwerte eine mittlere zu erreichende Konvertierungsrate. Diese ist in Abbildung 8.5 qualitativ dargestellt.

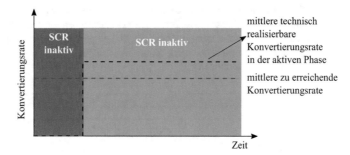

Abbildung 8.5: Vereinfachtes Modell zur Ermittlerung des Aktivierungszeitpunktes des Katalysators

Unter der Bedingung eines kaltgestarteten Motors gibt es, wie in Abbildung 8.5 eingezeichnet, eine Phase, in der die ANB aufgrund zu geringer Temperaturen inaktiv ist und eine Phase, in der die ANB aufgrund ausreichender Temperaturen aktiv ist. Inaktiv bedeutet in diesem Modell, dass eine Konvertierungsrate von 0% vorliegt. In der aktiven Phase ist eine mittlere technisch realisierbare Konvertierungsrate anzunehmen. In Abhängigkeit der notwendigen mittleren Konvertierungsrate über den betrachteten Zeitraum und der technisch realisierbaren Konvertierungsrate in der aktiven Phase der ANB, kann nun die erforderliche Zeit bestimmt werden, in der die ANB die inaktive Phase beendet, sprich, die Zieltemperatur erreicht haben muss. Der Zusammenhang ist in Abbildung 8.6 dargestellt.

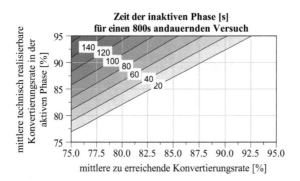

Abbildung 8.6: Zusammenhang zwischen Aktivierungszeitpunkt, mittlerer erforderlichen Konvertierungsrate und mittlerer technisch möglichen Konvertierungsrate für eine betrachtete Zyklusdauer von 800 *s*

Es ist davon auszugehen, dass vor dem Hintergrund einer zukünftig notwendigen mittleren Konvertierungsrate im Bereich von 85%, innerhalb einer betrachteten Zyklusphase von 800 *s* Dauer, die ANB unter 100 *s* vollständig aktiv sein muss. Diese Zeit erhöht sich bei längeren zu betrachtenden Phasenzeiten. Allerdings stellen die 800 *s* in etwa den Bereich dar, in dem innerstädtische Phasen ablaufen. Diese innerstädtischen Phasen müssen, alleine betrachtet, ebenfalls die geforderten Grenzwerte einhalten, sodass die genannte Größenordnung von etwa 100 *s* einen guten Näherungswert darstellt.

8.2 Warmhalten

Das Warmhalten ist einer der relevanten Betriebsarten aus Kapitel 3.1, in der eine Temperaturmaßnahme erforderlich ist. Es handelt sich um die Betriebsart, die das Auskühlen der Abgasnachbehandlung vermeiden oder aber zumindest verzögern soll. Es werden zunächst die Einflüsse auf den Verbrauch und auf die Abgastemperatur in der ANB ausgewertet. Anschließend werden die Einflüsse auf die Emissionen beleuchtet.

8.2.1 Auswertung der Einflüsse auf den Verbrauch und auf die Abgastemperatur

In Abbildung 8.7 sind die Messungen der verschiedenen Temperaturmaßnahmen dargestellt. Hier ist die Verbrauchsänderung über dem in Kapitel 8.1 vorgestellten Zeitanteil für das FAÖ, die ZAS, die iAGR-RS, die Füllungsreduzierung und die HDAGR bezüglich der Referenzmessung abgetragen.

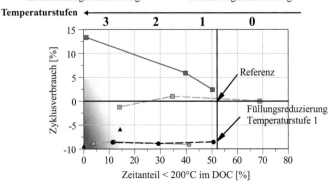

Abbildung 8.7: Änderung des Zyklusverbrauchs bei Reduzierung des Temperaturzeitanteils im DOC unterhalb der Zieltemperatur 200°C, für alle untersuchten Strategien

Der Zeitanteil ist für die Temperaturmessstelle im DOC bezüglich einer Zieltemperatur von 200°C angegeben. Der Zyklusverbrauch bezieht sich dabei auf den Referenzzyklus. Dieser entspricht dem Betrieb unter Verwendung der Serienapplikation und ist daher ohne Nutzung einer Temperaturmaßnahme. Dennoch kommt in der Referenzmessung und damit in der Serienapplikation die Hochdruckabgasrückführung zum Einsatz.

Jede in Abbildung 8.7 eingezeichnete Kurve steht dabei für eine Temperaturmaßnahme. Diese enthalten verschiedene Temperaturstufen. Die Temperaturstufen selbst sind letztendlich die Variationen der Einflussparameter der jeweiligen Maßnahme. In Tabelle 8.1 sind die Stufen der Maßnahmen mit Angabe des Einflussparameters und der Parameterstützstellen dargestellt.

Alle weiteren Randbedingungen zur Versuchsdurchführung der einzelnen Temperaturmaßnahmen sind in Kapitel 4.3 angegeben.

Die unterschiedlichen Farben der in Abbildung 8.7 eingezeichneten Kurven symbolisieren die entsprechenden Haupteinflussfaktoren bezüglich der Abgastemperatur, wie sie aus Kapitel 6.2 bekannt sind. Die Temperaturmaßnahmen infolge der Wirkungsgradverschlechterung sind rot dargestellt, die Temperaturmaßnahmen infolge der Füllungsreduzierung blau und die Temperaturmaßnahmen infolge der Füllungstemperaturanhebung orange. Dabei weisen durchgezogene Linien auf eine VVT-Temperaturmaßnahme und gestrichelte Linien auf eine konventionelle Maßnahme hin. Die Art der Markerpunkte gibt Aufschluss über die Ladedruckregelung (Rechtecke: gesteuert, offene VTG; Dreiecke: gesteuert, teils geschlossene VTG; Kreise: Ladedruck, geregelte VTG).

Tabelle 8.1: Definition der Temperaturstufen

Temperatur-maßnahme	Einflussparameter	Parameterstützstellen
Füllungsreduzierung	VTG und Drosselklappe	Stufe 1: VTG offen Stufe 2: VTG offen + -50mbar&Schub < 800mbar Stufe 3: VTG offen + -100mbar&Schub < 800mbar
Zylinderabschaltung	Deaktivierung Einspritzung und Ventile	Stufe 1: ZAS, nicht im Leerlauf aktiv Stufe 2: ZAS, im Leerlauf aktiv
interne AGR	Auslasszweithub	Stufe 1: Öffnungsdauer des Zweithubes 50°KW Stufe 2: Öffnungsdauer des Zweithubes 100°KW Stufe 3: Öffnungsdauer des Zweithubes 150°KW
Hochdruck Abgasrückführung	Aufteilungsfaktor zwischen NDAGR & HDAGR	Stufe 0: Aufteilungsfaktor 0% HDAGR Stufe 2: Aufteilungsfaktor 50% HDAGR Stufe 3: Aufteilungsfaktor 70% HDAGR
frühes Auslass-Öffnen	Zeitpunkt des Auslass-Öffnens	Stufe 1: Auslass-Öffnen 80°KW v. UT Stufe 2: Auslass-Öffnen 95°KW v. UT Stufe 3: Auslass-Öffnen 110°KW v. UT

Ziel des Warmhaltens ist es, den Temperaturzeitanteil unterhalb von $200°C$ in der Abgasnachbehandlungsanlage und damit die temperaturkritischen Bereiche hinsichtlich der Konvertierung (siehe Abbildung 8.1) durch eine Temperaturanhebung zu reduzieren, ohne einen negativen Einfluss auf den Verbrauch zu nehmen. In Abbildung 8.7 stellt dies den linken, grün markierten Zielbereich dar. Zunächst soll der Verbrauch näher betrachtet werden.

Hier zeigt das FAÖ als einzige Strategie eine Verschlechterung des Verbrauchs. Die Gründe sind bereits in Kapitel 6.1.1 ausführlich diskutiert worden und liegen vor allem in dem erhöhten Expansionsverlust dieser Maßnahme.

Die Füllungsreduzierung (blau gestrichelt) hingegen zeigt eine deutliche Verbrauchsreduzierung, die ausschließlich durch die Reduzierung der Ladungswechselarbeit infolge des Öffnens der VTG hervorgerufen wird. Die Temperaturstufe 1 der Füllungsreduzierung zeigt bezüglich der Referenzmessung einen nur sehr geringfügigen Temperaturvorteil, da sich die Temperaturanteile durch Füllungsreduzierung und Verbrauchsreduzierung nahezu aufheben. Dies wurde bereits in Kapitel 7.4 vorgestellt. Insbesondere bei kleinen Lasten und Drehzahlen treten nur sehr geringe Temperaturvorteile hervor. Genau diese Bereiche werden von dem betrachteten NEFZ-Stadtteil abgedeckt. Erst eine zusätzliche Drosselung des Saugrohrdrucks kann die Temperatur in der Abgasanlage nennenswert anheben. Jedoch verschlechtert sich der Verbrauch hin zu Stufe 2 und 3 der Füllungsreduzierung nicht, da die Drosselung um 50 *mbar* bzw. 100 *mbar* bezüglich des Einflusses auf die Ladungswechselarbeit sehr gering ausfällt. Eine stärkere Androsselung des Saugrohrdrucks ist lediglich in den für den Verbrauch nichtrelevanten Schubphasen umgesetzt worden (siehe Tabelle 8.1).

Wie bereits erwähnt, ist es nicht möglich, für alle Temperaturmaßnahmen einen Ladedruck zur Verfügung zu stellen. Dies gilt, wie in Kapitel 7.1 und Kapitel 7.3 beschrieben, sowohl für die iAGR als auch die für ZAS, sodass diese Maßnahmen mit einer konstant geregelten offenen VTG betrieben werden. Dadurch entsteht auch für diese Strategien wie bei der Füllungsreduzierung ein Verbrauchsvorteil.

Der Verbrauchsvorteil in der gezeigten Höhe von rund 8% ergibt sich jedoch durch die in der Referenzmessung hohe Ladedruckapplikation. Es ist davon auszugehen, dass zur Bewahrung des CO_2-Vorteils von Dieselmotoren zukünftig hohe Ladedrücke bei niedrigen Lasten eher vermieden werden, sodass eine Betrachtung der Strategien iAGR-RS, ZAS und Füllungsreduzierung bezüglich der Maßnahme Füllungsreduzierung in der Temperaturstufe 1 erfolgen muss. Hierauf bezogen zeigen sich die genannten Strategien als verbrauchsneutral. Lediglich die ZAS in der Temperaturstufe 1 weist einen erhöhten Verbrauch durch eine teilweise geschlossene VTG auf. Der leicht erhöhte Ladedruck ist allerdings erforderlich, um das Luftverhältnis aus Emissionsgründen anzuheben. Dies ist durch die kleine Hochdruckturbine des Versuchsträgers während der Zylinderabschaltung nur sehr begrenzt möglich. In der Temperaturstufe 2 hebt sich der Nachteil auf, da durch den Einsatz der Zylinderabschaltung im Leerlauf ein Ausgleich stattfindet. Wie in Kapitel 7.3 vorgestellt, steigt der Verbrauchsvorteil der ZAS zu kleineren Lasten.

Die HDAGR weist zunächst einen leicht ansteigenden Verbrauch bezüglich der Referenzmessung auf, der zur Temperaturstufe 3 jedoch wieder sinkt. Die Verbrauchsanhebung konnte bereits in Kapitel 6.1.2 beschrieben werden. Die Verbrauchsverbesserung zu Temperaturstufe 3 hingegen resultiert aus der Reduzierung der Ladungswechselarbeit. Grund dafür ist, dass hohe HDAGR-Raten nur durch ein weit geöffnetes HDAGR-Ventil realisiert werden können. Das führt zu einem spüldruckgefällereduzierenden Kurzschluss zwischen Abgasdruck und Saugrohrdruck, welcher die Ladungswechselarbeit reduziert. Die Temperaturstufe 0 offenbart eine Erhöhung des Temperaturzeitanteils unterhalb von $200°C$. Grund dafür ist die in der Referenzmessung zum Einsatz kommende HDAGR. Die Temperaturstufe 0 hingegen nutzt keine HDAGR und verringert dadurch die Abgastemperatur.

Im Folgenden sollen die Temperaturverläufe entlang der Abgasanlage betrachtet werden. Dazu werden die jeweiligen maximalen Temperaturstufen der verschiedenen Strategien aus Abbildung 8.7 herangezogen. Die markierten Flächen in den oberen Diagrammen von Abbildung 8.8 kennzeichnen die Phasen, in denen die Temperaturmaßnahmen aktiv sind. Darunter sind die Temperaturverläufe vor Turbine $T_{v.Trb}$, nach Turbine bzw. vor DOC $T_{n.Trb}$, im DOC T_{imDOC} sowie im SDPF T_{imSDPF}, über den NEFZ-Stadtteil abgetragen.

Abbildung 8.8 stellt einen Ausschnitt des vermessenen NEFZ-Stadtteils dar, um die Einflussfaktoren detaillierter betrachten zu können. Die vollständige Messung kann in Anhang A.4 eingesehen werden. Der Ausschnitt umfasst, ausgehend von einer hohen Geschwindigkeit mit entsprechend hoher Last, eine Geschwindigkeitsreduzierung auf ein niedrigeres Niveau mit anschließender Leerlaufphase, die wiederum von einem weiteren Geschwindigkeitshügel beendet wird. Damit zeigt Abbildung 8.8 ein typisches Szenario für das Warmhalten, sodass die im Folgenden beschriebenen Effekte deutlich werden.

Im oberen Teil der Abbildung 8.8 sind das Geschwindigkeitsprofil sowie die Phasen, in denen die einzelnen Temperaturmaßnahmen aktiv sind, dargestellt. Der untere Teil zeigt die

Abgastemperaturverläufe an vier verschiedenen Messstellen. Wann eine Temperaturmaßnahme aktiv ist, ist durch die farbige Fläche gekennzeichnet. So ist beispielsweise zu erkennen, wann die iAGR, also der dazu notwendige Zweithub, bzw. die Zylinderabschaltung
aktiviert oder deaktiviert sind. Bei der Füllung hingegen zeigt die markierte Fläche nicht
nur an, wann die Füllungsreduzierung aktiv ist, sondern auch wie intensiv. Die obere Linie
(schwarz) der markierten Fläche stellt damit den Füllungsverlauf der Referenzmessung dar
und die untere Linie (blau) den Füllungsverlauf der Temperaturmaßnahme Füllungsreduzierung. Ähnliches gilt auch für die Hochdruckabgasrückführung. Hier wird der Anteil der
Hochdruckabgasrückführrate bezüglich der Gesamtrate dargestellt. Die obere Linie (orange)
der markierten Fläche stellt den Anteil der Hochdruckabgasrückführrate für die Maßnahme
HDAGR dar und die untere Linie (schwarz) stellt den Anteil der Hochdruckabgasrückführrate für die Referenzmessung dar.

Die einzelnen Effekte sind abhängig von der Strategie und von der Temperaturmessstelle,
sodass die Temperaturmessstellen der Reihe nach beschrieben werden.

Abgastemperatur vor Turbine $T_{v.Trb}$
Die Analyse der Abgastemperatur $T_{v.Trb}$ ist Bestandteil des Kapitels 6.2 gewesen. Die Temperaturmessstelle kann auch in dynamischen Versuchen aufgrund der räumlichen Nähe zum
Motor als quasi stationär betrachtet werden. Daher sind die beschriebenen Einflüsse aus Kapitel 6.2 gut übertragbar. Unterschiedlich sind jedoch die Randbedingungen hinsichtlich der
VTG-Stellung. Während diese in den stationären Betrachtungen stets geöffnet war, wird in
den dynamischen Versuchen die VTG-Stellung abhängig von der Strategie geöffnet, teilweise geschlossen oder durch die Ladedruckanforderung geregelt.

Das FAÖ zeigt gegenüber der Referenz durch die Wirkungsgradverschlechterung infolge
der reduzierten Expansion einen Temperaturanstieg von ca. $20\,K$, $35\,K$ im Leerlauf und bei
geringen Geschwindigkeiten bis knapp über $40\,K$. Auch die HDAGR kann die Abgastemperatur, abhängig von der Last, um ca. $5\,K$ bis $10\,K$ durch eine Erhöhung der Füllungstemperatur anheben.

Die Füllungsreduzierung hingegen zeigt eine Temperaturreduzierung an der Messstelle $T_{v.Trb}$
bezüglich der Referenzmessung. Grund dafür ist das Öffnen der VTG, die nicht nur zu einer
temperatursteigernden Füllungsreduzierung, sondern auch zu einer temperatursenkenden
Verbrauchsreduzierung führt. Dieser Effekt wurde bereits in Kapitel 7.4 unter stationären
Bedingungen nachgewiesen.

Da die Versuche zur iAGR und zur ZAS ebenfalls mit einer geöffneten bzw. zum Teil geöffneten VTG durchgeführt werden, unterliegen diese dem gleichen Einfluss durch Füllungs-
und Verbrauchsabsenkung. Verglichen mit der Füllungsreduzierung findet bei der iAGR,
zumindest bei ausreichend hohen Geschwindigkeiten und damit Lasten, eine Temperaturanhebung statt, da die iAGR-Maßnahme zusätzlich zu einer Anhebung der Füllungstemperatur führt. Die ZAS dagegen kann den temperaturreduzierenden Einfluss durch die Verbrauchsverbesserung sogar überkompensieren und besitzt bezüglich der Referenzmessung
eine Temperaturanhebung von etwa $20\,K$. Grund dafür ist die deutlich stärkere Reduzierung

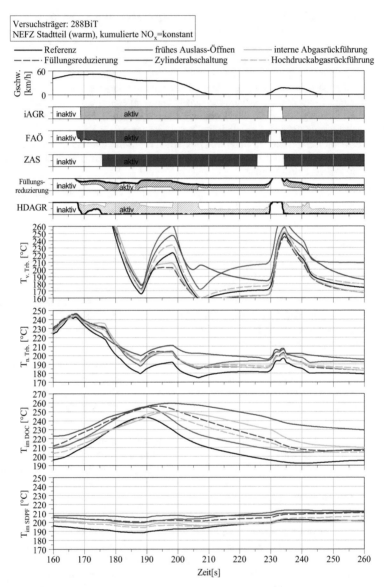

Abbildung 8.8: Temperaturverlauf und aktive Phase der Strategien im NEFZ-Stadtteil (Auschnitt 160 *s* bis 260 *s*)

der Füllung gegenüber dem Kraftstoffverbrauch, sodass ersteres bezüglich des Temperatureinflusses überwiegt.

Abgastemperatur nach Turbine $T_{n.Trb}$
Über die Turbine erfährt der Abgasmassenstrom einen Temperaturverlust. Dieser Temperaturverlust entsteht zum einen durch die Wandwärmeverluste und zum anderen durch Entnahme von Enthalpie zur Umsetzung des Ladedrucks. Letzteres ist vor allem von der Ladedruckapplikation abhängig und reagiert im Betrieb bezüglich der Temperatur sehr spontan. Das Öffnen der VTG führt bei der iAGR und bei der ZAS durch die Füllungsreduzierung zu einer starken Reduzierung des Ladedrucks und damit zu einer starken Reduzierung der Enthalpieentnahme aus dem Abgas. Dadurch werden die Temperaturverluste über der Turbine gesenkt. Dies führt dazu, dass im Vergleich zur Messstelle $T_{v.Trb}$ die Abgastemperaturen $T_{n.Trb}$ aller dargestellten Strategien um etwa 5 K bis 10 K oberhalb der Referenz liegen. Die Strategien mit reduziertem Ladedruck können damit die Temperaturabsenkung an der Messstelle $T_{v.Trb}$ bezüglich der Referenzmessung überkompensieren und zeigen zusammen mit der HDAGR und dem FAÖ zu Beginn der in Abbildung 8.8 dargestellten Abkühlphase ein ähnliches Abgastemperaturniveau $T_{n.Trb}$. Die ZAS weist durch die gute Temperaturanhebung an der Messstelle $T_{v.Trb}$, in Kombination mit dem reduzierten Temperaturverlust über die Turbine, das höchste Temperaturniveau auf.

Abgastemperatur im DOC $T_{im\ DOC}$ und im SDPF $T_{im\ SDPF}$
Die Unterschiede in der Temperatur $T_{im\ DOC}$ und $T_{im\ SDPF}$, verglichen mit der Abgastemperatur $T_{n.Trb}$, ergeben sich durch den Wärmetransport in die Bauteile sowie aus den Bauteilen heraus. Letzteres ist vor allem durch die Warmhaltestrategie zu vermeiden und vom Massenstrom durch das Bauteil abhängig. Wie in Kapitel 3.1 gezeigt, führt ein gegenüber den Bauteilen kälterer Abgasmassenstrom zum Auskühlen der ANB, und das umso schneller, je größer der Massenstrom ist.

Während das FAÖ an den Messstellen $T_{im\ DOC}$ und $T_{im\ SDPF}$ das Temperaturniveau gegenüber der Referenzmessung geradezu parallel nach oben verschiebt, ändert sich bei allen anderen Strategien die Charakteristik des Temperaturverlaufs. Dies deutet auf das eben beschriebene reduzierte Auskühlverhalten hin, welches durch den mehr oder weniger reduzierten Abgasmassenstrom hervorgerufen wird. Bei der iAGR ist dieser Effekt gegenüber der HDAGR ausgeprägter, da hier zusätzlich zur Entnahme von Abgas vor der ANB eine Füllungsreduzierung durch eine geöffnete VTG erfolgt. Beide Maßnahmen können allerdings das Auskühlen der ANB gegenüber der Referenz durch einen reduzierten Massenstrom verlangsamen.

Die Zylinderabschaltung weist die stärkste Temperaturanhebung auf. Hier spielt zum einen der beschriebene Effekt des Auskühlens durch die Abgasmassenstromreduzierung eine wichtige Rolle, aber auch die massive Temperaturanhebung vor der Turbine.

Damit zeigen besonders die Maßnahmen, die den Abgasmassenstrom reduzieren, eine effektive Temperaturanhebung im temperaturrelevanten Bereich infolge des reduzierten Auskühleffektes, sodass die Temperaturtäler unterhalb der Zieltemperatur in Abhängigkeit von der Strategie fast vollständig verschwinden. Abbildung 8.9 fasst die Ergebnisse für die Strategien an den Temperaturmessstellen $T_{im\ DOC}$ und $T_{im\ SDPF}$ als kumulierte relative Häufigkeitsverteilung zusammen.

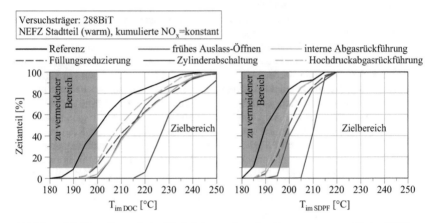

Abbildung 8.9: Kumulierte relative Häufigkeitsverteilung der Abgastemperaturen für den DOC (links) und SDPF (rechts) für alle untersuchten Strategien

Die ZAS führt zur effektivsten Temperaturanhebung, da sowohl im DOC als auch im SDPF keine Temperaturen unterhalb von $200°C$ auftreten. Auch das FAÖ hebt sich im SDPF etwas hervor, geht aber mit den in Abbildung 8.7 dargestellten hohen Verbrauchsnachteilen einher. Alle anderen Strategien können die Zeitanteile bezüglich der niedrigen Temperaturen deutlich reduzieren. So sind die Zeitanteile im DOC unterhalb von $200°C$ und im SDPF unterhalb von $190°C$ auf etwa 10% reduziert.

8.2.2 Auswertung der Einflüsse auf die Emissionen

Im nächsten Schritt erfolgt eine Auswertung der Rohemissionen. Dazu sind, ähnlich wie in Kapitel 8.2.1, die Änderungen der Emissionen bezüglich der Referenzmessung über die Temperaturzeitanteile unterhalb von $200°C$ im DOC abgetragen (Abbildung 8.10).

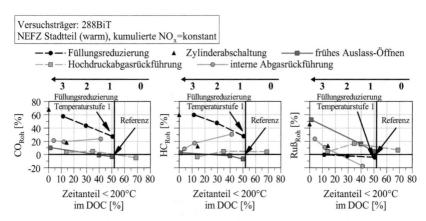

Abbildung 8.10: Änderung der kumulierten Emissionen bei Reduzierung des Temperaturzeitanteils im DOC unterhalb der Zieltemperatur 200°C für alle untersuchten Strategien

Hier finden sich alle Strategien und alle vermessenen Temperaturstufen (siehe Tabelle 8.1) wieder. Eine Betrachtung der Füllungsreduzierung in der ersten Temperaturstufe, d. h., dass gegenüber der Referenz lediglich die VTG geöffnet wird und damit der Ladedruck für den temperaturrelevanten Kennfeldbereich sinkt, zeigt einen Anstieg der HC- und CO-Emissionen von etwa 30%. Das Öffnen der VTG führt nicht nur zu einer Absenkung des Ladedrucks, sondern auch zu einer Absenkung des Verdichtungsenddrucks und damit der Verdichtungsendtemperaturen. Die daraus resultierenden schlechteren Zündbedingungen lassen besonders in dem verwendeten Hochleistungsbrennverfahren des Versuchsträgers die Emissionen massiv ansteigen. Das Hochleistungsbrennverfahren ist durch folgende Eigenschaften charakterisiert:

- geringer Drall,

- große Durchflussquerschnitte der Injektoren,

- geringes geometrisches Verdichtungsverhältnis.

Da die Strategien ZAS und iAGR ebenfalls mit einem reduzierten Ladedruck betrieben werden, ist für die richtige Beurteilung der Emissionsänderung zusätzlich ein Vergleich mit der Füllungsreduzierung in der Temperaturstufe 1 notwendig. Aus diesem Grund findet die Auswertung zweigeteilt statt. Dabei werden die Strategien mit einem hohe, also der Referenzmessung entsprechenden Ladedruck zusammengefasst (FAÖ, HDAGR) sowie die Strategien mit reduziertem Ladedruck (Füllungsreduzierung, ZAS, iAGR). Für eine übersichtliche Auswertung der Emissionen erfolgt die Betrachtung der maximalen Temperaturstufe der jeweiligen Temperaturmaßnahme.

Strategien mit reduziertem Ladedruck

Abbildung 8.11 stellt die kumulierten Änderungen des betrachteten NEFZ-Stadtteils für den Verbrauch, die HC-, CO- und Rußemissionen der drei Strategien mit reduziertem Ladedruck dar. Die Stickstoffoxide sind bezüglich der Referenzmessung gemäß den Randbedingungen konstant. Der Verbrauch wird hier nur der Vollständigkeit halber gezeigt, da eine Betrachtung bereits in Kapitel 8.2.1 durchgeführt wurde. Die Teilung der Ordinate ermöglicht eine unterschiedliche Skalierung, die aus Gründen der besseren Übersicht gewählt wurde.

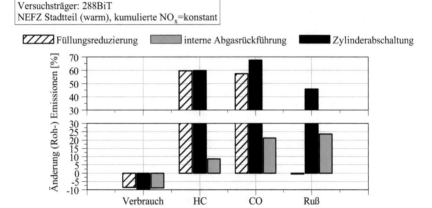

Abbildung 8.11: Änderung der kumulierten Emissionen bei maximaler Temperaturstufe

Die Füllungsreduzierung weist einen kumulierten Anstieg der HC- und CO-Rohemissionen von ca. 60% auf. Dabei sind, wie zuvor beschrieben, die ersten 30% dem Öffnen der VTG in Kombination mit dem verwendeten Brennverfahren zuzuschreiben. Darüber hinaus erfolgt für die in Abbildung 8.11 dargestellten Ergebnisse eine weitere Reduzierung des Saugrohrdrucks im temperaturrelevanten Kennfeldbereich um 100 *mbar* mittels der Drosselklappe. Dies führt zu einer weiteren Absenkung von Ladedruck, Verdichtungsenddruck und Verdichtungsendtemperatur, die, wie bereits in Kapitel 6.1.2 ausführlich beschrieben, zu einem Anstieg der HC- und CO-Emissionen führen. Die Rußemissionen erfahren keine Verschlechterung, da sich das Luftverhältnis in Bereichen verändert, die nicht relevant für die Rußemissionen sind.

Auch die ZAS führt zu einer Anhebung der HC- und CO-Emissionen, obwohl in den stationären Versuchen, wenn auch nicht unter gleichen Stickstoffoxidemissionen bezüglich des Referenzmesspunktes, diese reduziert werden konnten (Kapitel 6.1.3). Anhand von Abbildung 8.12 sollen die Ursachen exemplarisch erläutert werden.

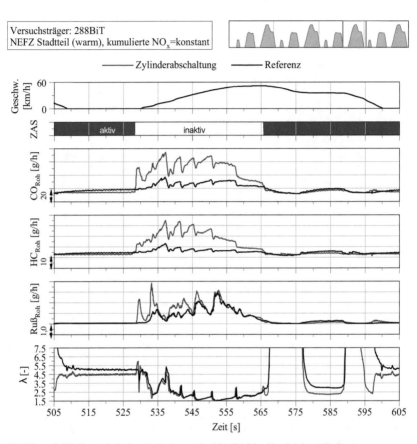

Abbildung 8.12: Exemplarischer Emissionsverlauf für ZAS im Vergleich zur Referenzmessung

In Abbildung 8.12 ist ein Ausschnitt des NEFZ zu sehen, der die Beschleunigung aus dem Stand heraus auf 50 *km/h* und einer anschließender Reduzierung auf 35 *km/h* wiedergibt. Lediglich in der Beschleunigungsphase ist die Zylinderabschaltung deaktiviert.

Außerhalb der Beschleunigungsphase ist trotz der Ladedruckreduzierung eine Reduzierung der HC- und CO-Emissionen zu erkennen. Diese Erkenntnisse decken sich mit denen aus Kapitel 6.1.3. Ein massiver Anstieg der Emissionen entsteht lediglich in der Beschleunigungsphase, also zu dem Zeitpunkt, zu dem die Zylinderabschaltung deaktiviert, sprich, eine Reaktivierung der stillgelegten Zylinder stattfindet. Die Reaktivierung der Zylinder führt dabei zu einer Einspritzung in die zuvor nicht arbeitenden, also kalten Zylinder. Daher treten hier vor allem Quencheffekte an den kalten Brennraumwänden auf, die in Kombination mit den während der Beschleunigung relativ geringen Luftverhältnissen, zu einer Verschlechterung der Rohemissionen führen.

Die erhöhten Rußemissionen aus Abbildung 8.11 sind ein Resultat des reduzierten Luftverhältnisses während der Zylinderabschaltung. Auch hier entstehen, ähnlich wie bei den HC- und CO-Emissionen, deutliche Anstiege im Bereich der Reaktivierung der Zylinder 2 und 3 (Abbildung 8.12). Damit sind die Reaktivierungsbereiche die Phasen der ZAS, die einen Großteil der Emissionsnachteile verursachen.

Die iAGR zeigt hinsichtlich der HC- und CO-Emissionen eine Anhebung von 10% bzw. 20% (Abbildung 8.11). Da diese Strategie ebenfalls einer Ladedruckreduzierung durch Öffnen der VTG unterliegt, spielen hier die gleichen Einflüsse wie bei der Füllungsreduzierung in der Temperaturstufe 1, die deren Emissionen, wie erwähnt, um 30% verschlechtern, eine Rolle. Ein Vergleich diesbezüglich zeigt demnach eine Verbesserung der HC-Emissionen um 20% − *Punkte* und der CO-Emissionen um 10% − *Punkte*. Die Ursachen der Emissionsverbesserung gegenüber der Füllungsreduzierung (Temperaturstufe 1) liegen vor allem in der erhöhten Prozesstemperatur durch die heiße iAGR sowie in der Anfettung sehr magerer Betriebspunkte. Beides führt insbesondere im Leerlauf zu einer deutlichen Reduzierung der Emissionen. Dies findet sich exemplarisch in Abbildung 8.13 wieder.

Abbildung 8.13 zeigt nicht nur die iAGR und die Referenzmessung, sondern auch die Füllungsreduzierung mit der Temperaturstufe 1, mit der sich die iAGR aufgrund des reduzierten Ladedrucks vergleichen muss. Erkennbar ist jedoch auch, dass selbst bei der iAGR gegenüber der Füllungsreduzierung hin zu etwas höheren Lasten die CO-Emissionen leicht ansteigen (Abbildung 8.13, Sekunde 575 bis 585). Dies wurde bereits in den stationären Versuchen (Kapitel 6.1.2) nachgewiesen. Der Rußanstieg von 20% bis 25% in Abbildung 8.11 ist durch die NDAGR-Raten Applikation zu erklären. In den Lastbereichen, in denen eine Umschaltung zwischen externer und interner AGR stattfindet, ist eine höhere NDAGR-Rate realisiert, als stationär notwendig wäre. Dies ist deshalb erforderlich, da beim Umschalten aus dem iAGR-Betrieb heraus die iAGR von einem Arbeitsspiel zum anderen Arbeitsspiel weggeschaltet werden kann, die externe AGR jedoch eine Totzeit besitzt. Diese Totzeit ist vor allem durch die Gaslaufzeit bedingt. Ohne eine Gegenmaßnahme, wie dem Vorhalten der NDAGR, würden erhöhte Stickstoffoxidemissionen entstehen. Der Nachteil des NDAGR-Vorhaltens zur Vermeidung der hohen Stickstoffoxide sind die höheren Rußemissionen. Diese sind in Abbildung 8.13 im Bereich zwischen 530 *s* bis 560 *s* zu erkennen.

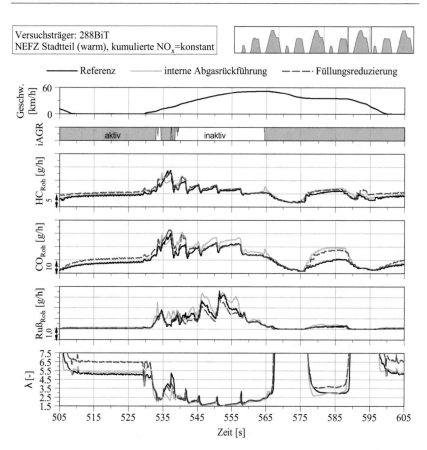

Abbildung 8.13: Exemplarischer Emissionsverlauf für iAGR im Vergleich zur Füllungsreduzie-rung der Temperaturstufe 1 und im Vergleich zur Referenzmessung

Strategien mit hohem Ladedruck

Abbildung 8.14 stellt die Strategien mit hohem Ladedruck (FAÖ und HDAGR) in gleicher Form dar, wie bereits aus Abbildung 8.11 bekannt ist. Ein hoher Ladedruck bedeutet in diesem Sinne, dass die Ladedruckregelung bezüglich der Referenz nicht reduziert wurde.

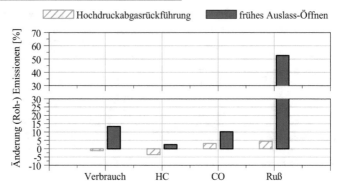

Abbildung 8.14: Änderung der kumulierten Emissionen bei maximaler Temperaturstufe

Die HDAGR zeigt hinsichtlich der HC-Emissionen eine leichte Reduzierung und hinsichtlich der CO-Emissionen eine leichte Anhebung bezüglich der Referenzmessung. Tendenziell ist aus den stationären Versuchen in Kapitel 6.1.2 ein Anstieg zu erwarten, besonders wenn die Abgasrückführung zu hohen Anteilen durch eine Hochdruckabgasrückführung realisiert wird, wie es in der Temperaturstufe 3 der HDAGR mit einem Aufteilungsfaktor von $0,3$ (siehe Gleichung 4.1) der Fall ist. Allerdings liegen die Änderungen der HC-Emissionen in Abbildung 8.14 innerhalb des ermittelten Vertrauensbereich von $7,5\%$ (siehe Anhang A.6). Daher kann die Reduzierung der HC-Emissionen nicht eindeutig bestätigt werden, jedoch ist zumindest von einem neutralen Verhalten auszugehen. Die Rußemissionen weisen einen moderaten Anstieg von 5% auf. Hierfür ist der in den stationären Messungen gezeigte schlechtere Ruß-NO_x-Trade-Off gegenüber der NDAGR verantwortlich.

Das FAÖ weist einen Anstieg in den HC-, CO- sowie in den Rußemissionen auf, wobei die Änderung der HC-Emissionen im Vergleich zum Vertrauensbereich mit $7,5\%$ eher als Tendenz gewertet werden kann. Dahingegen zeigt sich die Verschlechterung der Rußemissionen als sehr deutlich. Wie in Kapitel 6.1.1 bereits erläutert, sind für die Emissionsanstiege sowohl die reduzierten Luftverhältnisse, aber vor allem die reduzierte Expansion und der damit verfrühte Abbruch der Nachoxidation verantwortlich. In Abbildung 8.15 ist ein Ausschnitt des Versuches zur exemplarischen Darstellung der Emissionsunterschiede abgebildet.

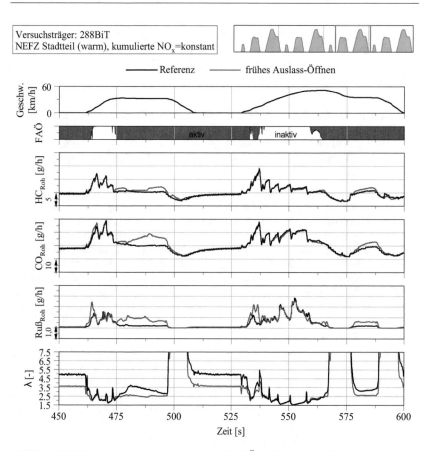

Abbildung 8.15: Exemplarischer Emissionsverlauf für FAÖ im Vergleich zur Referenzmessung

Hier zeigt sich in den Phasen, in denen das frühe Auslass-Öffnen aktiv ist, ein höheres Rohemissionsniveau. Da eine Absenkung des Luftverhältnisses innerhalb stark magerer Bereiche erfolgt, ist der Haupteinflussfaktor bezüglich der Emissionen die reduzierte Nachoxidation.

8.3 Aufheizen

Das Aufheizen ist neben dem zuvor untersuchten Warmhalten eine weitere relevante Betriebsstrategie aus Kapitel 3.1, in der eine Temperaturmaßnahme erforderlich ist. Es handelt sich dabei um die Strategie, die ein schnelles Aktivieren einer zu kalten ANB ermöglichen soll. Für die folgenden Untersuchungen werden jedoch lediglich die höchsten Temperaturstufen der jeweiligen Strategien untersucht (siehe Tabelle 8.1), da diese das größte Potenzial besitzen. Die Auswertung des Verbrauchs und der Temperatur sowie der Emissionen erfolgt in derselben Weise wie zuvor in Kapitel 8.2.

8.3.1 Auswertung der Einflüsse auf den Verbrauch und auf die Abgastemperatur

In Abbildung 8.16 sind die aktiven und inaktiven Phasen der Strategien sowie die Temperaturverläufe für die ersten 250 s und damit für die ersten drei Geschwindigkeitshügel des NEFZ dargestellt.

Die farbig markierten Bereiche geben die Phasen an, in denen die jeweilige Strategie aktiv ist. Die Temperaturverläufe zeigen die Abgastemperaturen an den Messstellen vor Turbine $T_{v.Trb}$, nach Turbine bzw. vor DOC $T_{n.Trb.}$, im DOC $T_{im\ DOC}$ sowie im SDPF $T_{im\ SDPF}$. Im Prinzip gelten die gleichen Temperatureinflüsse, die bereits in Kapitel 8.2.1 bei der Betriebsart Warmhalten vorgestellt wurden. So wird die Abgastemperatur $T_{v.Trb}$ durch die Haupteinflussgrößen Wirkungsgradverschlechterung, Füllungsreduzierung und Füllungstemperaturanhebung stark beeinflusst (siehe dazu auch Kapitel 6). Ein weiterer Einfluss, der sich an der Abgastemperaturmessstelle $T_{n.Trb}$ bemerkbar macht, ist die aus dem Abgas entnommene Enthalpie, die dem ATL zur Bereitstellung eines Ladedrucks zur Verfügung steht. Hier entsteht ein Temperaturverlust im Abgas, der, wie in Kapitel 8.2.1 gezeigt, von der Abgastemperaturmaßnahme abhängig ist.

Für den Temperaturverlauf in der ANB ist zudem, wie in Kapitel 3.4 vorgestellt, der Massenstrom ein entscheidender Faktor. Dieser Einflussfaktor besitzt jedoch beim Aufheizen eine andere Wirkung auf die Abgastemperatur als beim Warmhalten. Während beim Warmhalten eine Reduzierung des Abgasmassenstroms von Vorteil ist, führt dies zum Teil zu einer Reduzierung der für die ANB zur Verfügung stehenden Enthalpie. Um also die verschiedenen Temperaturverläufe aus Abbildung 8.16 erklären zu können, ist neben den genannten Temperatureinflüssen die Abgasenthalpie näher zu betrachten.

Für ein schnelles Erreichen der Zieltemperatur ist eine hohe Abgasenthalpie notwendig. Ob diese Enthalpie durch eine hohe Temperatur oder durch einen hohen Massenstrom erzielt wird, spielt bei ausreichend hohem Temperaturniveau für den SDPF keine entscheidende Rolle (siehe Kapitel 3.4). Wichtig ist, dass den thermischen Massen der ANB genügend Energie zur Verfügung steht. Die zur Verfügung stehende Abgasenthalpie vor dem DOC ist in Abbildung 8.17 dargestellt.

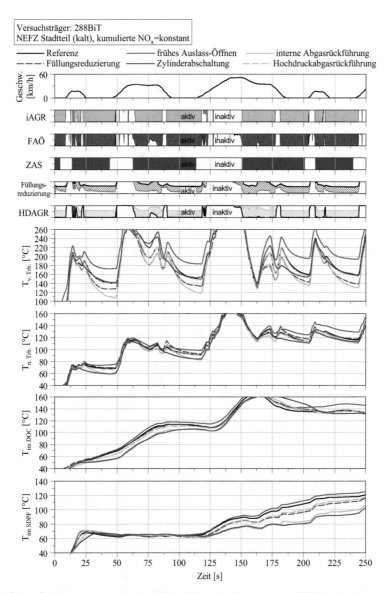

Abbildung 8.16: Temperaturverlauf und aktive Phasen der Strategien im NEFZ-Stadtteil (Ausschnitt bis 250 *s*)

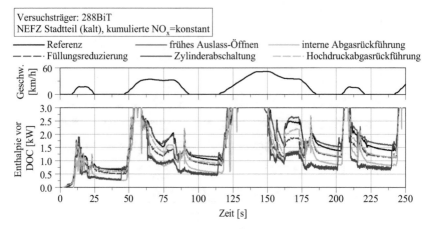

Abbildung 8.17: Enthalpieverlauf der Strategien im NEFZ-Stadtteil (Ausschnitt bis 250 s) vor dem DOC

Die Enthalpie vor dem DOC ist dabei abhängig vom Wirkungsgrad des Motors, von der Turbinenleistung, von der Abgasrückführung, die vor der ANB erfolgt sowie von den Wandwärmeverlusten der Bauteile bis zur betrachteten Position.

Der Wirkungsgrad entscheidet über den Verbrauch des Verbrennungsmotors. Je schlechter dieser ist, desto höher ist der Verbrauch bei gleichbleibender Arbeit. Dies führt, vereinfacht gesehen, wiederum zu mehr ungenutzter Wärme, die der ANB als Abgasenthalpie zur Verfügung steht. Die Turbinenleistung eines ATLs stellt eine Energiesenke im Abgas dar, die vom Ladedruck abhängig ist. Damit kann durch eine Absenkung des Ladedrucks die Enthalpie für die ANB angehoben werden. Ein weiterer Einflussfaktor ist die Entnahme von Abgas vor der ANB. Da das Abgas eine gewisse thermische Energie besitzt, wird durch Wegnahme des Abgases bezüglich der ANB die darin enthaltenen Energie entnommen.

Die Wandwärmeverluste aus dem Abgas in die Bauteile ergeben sich durch zwei Effekte. Zum einen verlieren die Bauteile durch Konvektion und Strahlung Wärme an die kältere Umgebung und zum anderen besitzen die Bauteile eine gewisse Wärmekapazität. Letzteres ist vor allem beim Aufheizen von entscheidender Bedeutung, da die Bauteile kühler als das Abgas sind und somit ein Temperaturausgleich stattfindet. Dadurch wird dem Abgas Energie entzogen.

In Abbildung 8.17 ist zu erkennen, dass die ZAS und die iAGR die geringsten Enthalpieströme aufweisen. Grund dafür ist zum einen der reduzierte Kraftstoffverbrauch, welcher in Abbildung 8.18 abgetragen ist. Ein weiterer Grund, bezüglich der iAGR, ist die Entnahme von Abgas vor dem DOC sowie, bezüglich der ZAS, die Reduzierung der Abgasenergie über die Turbine aufgrund eines leichten Ladedruckaufbaus (VTG-Stellung ist um 80% geschlossen). Die Füllungsreduzierung (Ful) und die HDAGR besitzen beide eine geringere

Enthalpie gegenüber der Referenz, aber eine höhere Abgasenthalpie gegenüber der ZAS und der iAGR. Die HDAGR zeigt einen neutralen Verbrauch bezüglich der Referenz, was zu annähernd gleichen Abgasenthalpien führt. Dennoch werden auch, ähnlich wie bei der iAGR, Abgas und damit die darin enthaltene Enthalpie vor dem DOC entnommen. Die Füllungsreduzierung hingegen erfährt eine Enthalpiereduzierung gegenüber der Referenz durch eine Verbrauchsreduzierung (Abbildung 8.18). Lediglich das FAÖ zeigt durch einen erhöhten Kraftstoffeinsatz eine steigende Abgasenthalpie. Die Ursachen der Verbrauchsänderungen sind bereits in Kapitel 8.2.1 beschrieben und auf die gezeigten Untersuchungen übertragbar.

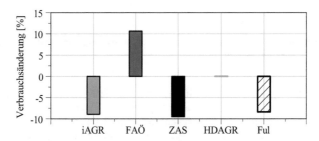

Abbildung 8.18: Zyklusverbrauchsänderung

Mithilfe der Abgasenthalpien können die Temperaturverläufe, die sich gegenüber dem Kapitel 8.2.1 beim Thema Warmhalten zueinander etwas unterschiedlich verhalten, erklärt werden. Geringere Abgasenthalpien führen zu einem flacheren Temperaturanstieg, der sich vor allem an den Messstellen $T_{im\ DOC}$ und $T_{im\ SDPF}$ (hier ab ca. 120 s) widerspiegelt.

Weiterhin ist in Abbildung 8.16 an der Abgastemperaturmessstelle im SDPF zwischen 30 s und 120 s ein Stagnieren aller Strategien festzustellen. Grund dafür ist ein Auskondensieren des durch die Verbrennung entstandenen Wassers. Dieses wird über den Abgasmassenstrom in den SDPF eingebracht. Dort erfolgt ein Einlagern des Wassers in das feinporige Material. Der latente Wärmeeintrag vom Abgas in den SDPF führt zu einem Verdampfen des eingelagerten Wassers. Erst wenn dieses nahezu vollständig entfernt wurde, kann die Temperatur im SDPF ansteigen.

Wie sich die einzelnen Strategien hinsichtlich des Aufheizverhaltens darstellen, zeigt Abbildung 8.19. Hier ist die kumulierte Häufigkeitsverteilung für die Abgastemperatur im DOC $T_{im\ DOC}$ sowie im SDPF $T_{im\ SDPF}$ abgetragen.

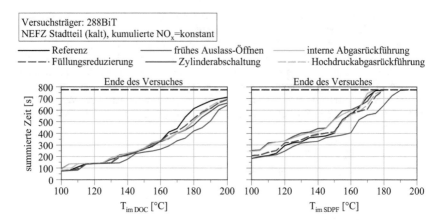

Abbildung 8.19: Kumulierte Häufigkeitsverteilung der Abgastemperatur für den DOC (links) und SDPF (rechts)

Für die Darstellung gilt: Je näher sich die kumulierte Häufigkeitsverteilung der Gesamtzykluszeit annähert, desto kleiner ist die Aussagekraft des Kennwertes hinsichtlich des Aufheizverhaltens. Grund dafür ist, dass die hohen Temperaturbereiche nicht endgültig erreicht werden, sondern nur durch einige wenige Temperaturspitzen im Zyklus infolge hoher Lastspitzen. Siehe hierfür auch Anhang A.5. Da die Abgastemperaturen für den betrachteten Zyklus nicht dauerhaft über $170°C$ liegen, ist eine Auswertung der Häufigkeitsverteilung nur unterhalb dieser Temperatur physikalisch sinnvoll. In Abbildung 8.19 ist zu erkennen, dass eine Verkürzung der Aufheizzeit im DOC und im SDPF nur mit dem FAÖ möglich ist. Eine Verbesserung der Aufheizzeit der anderen Strategien ist nur oberhalb von $170°C$ im DOC vorhanden. Allerdings handelt es sich um den eben beschriebenen nicht sinnvoll auswertbaren Temperaturbereich.

Abbildung 8.20 zeigt einen exemplarischen Ausschnitt bei einer Zieltemperatur von $160°C$. Es ist eine Verbesserung der Aufheizzeit bei der Strategie FAÖ im DOC von etwa 60 s und im SDPF von etwa 170 s zu erkennen. Alle anderen Strategien zeigen keine Reduzierung der Aufheizzeit, sondern tendenziell eine leichte Verzögerung. Ein Vergleich mit den abgeschätzten erforderlichen Aufheizzeiten aus Kapitel 8.1 verdeutlicht, dass die Maßnahme FAÖ alleine nicht ausreichend ist, um die zukünftigen Ziele zu erreichen.

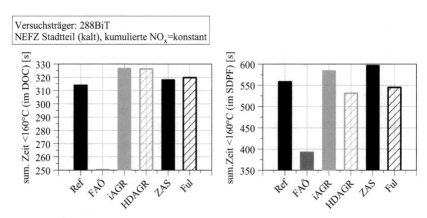

Abbildung 8.20: Summierte Zeit unterhalb von 160°C für den DOC (links) und für den SDPF (rechts)

8.3.2 Auswertung des Einflusses auf die Emissionen

Da im vorherigen Kapitel 8.3.1 lediglich das FAÖ einen positiven Effekt auf die Aufheizzeit gezeigt hat, soll im Folgenden ausschließlich die Auswertung dieser Strategie erfolgen. Abbildung 8.21 stellt die kumulierten Änderungen der Emissionen bezüglich der Referenzmessung dar.

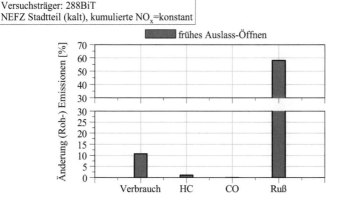

Abbildung 8.21: Änderung der kumulierten Emissionen für das FAÖ

Der Verbrauch zeigt einen Anstieg von ca. 11% und fällt damit um etwa 2% − *Punkte* geringer aus als beim Warmhalten. Die Gründe für den Verbrauchsanstieg sind in Kapitel 8.2.1

erläutert. Die Unterschiede zwischen Warmhalten und Aufheizen ergeben sich zum einen durch einen geringeren Zeitanteil, in dem das FAÖ aktiv ist (Reduzierung um ca. 30 s). Dies ergibt sich durch eine leichte Betriebspunktverschiebung beim Aufheizen, da in dieser Phase eine höhere Reibung vorhanden ist. Damit liegen weniger Betriebspunkte innerhalb der Einschaltbedingungen ($<$ 75 Nm inneres Moment). Zum anderen führt der höhere Absolutverbrauch des kalten Motors zu einer anteilig kleineren Anhebung des Verbrauchs durch das FAÖ. Die Rußemissionen steigen, ähnlich wie beim Warmhalten, um etwa 50% bis 60%. Die Gründe dafür wurden bereits in Kapitel 8.2.2 beschrieben.

Ein besonders Verhalten ergibt sich bei den HC- und CO-Emissionen. Diese weisen beim Aufheizen keinerlei Veränderungen bezüglich der Referenzmessung auf, während im Warmhalten ein tendenzieller Anstieg zu messen war. Zwar besitzen besonders die HC-Emissionen einen großen Streubereich von $+/ - 7.5\% - Punkten$, jedoch ist in den Messungen für dieses Verhalten eine Erklärung zu finden. Dazu ist die Betrachtung des Versuchs zum Aufheizen in zwei Phasen notwendig. Die erste Phase ist die direkte Phase nach dem Kaltstart. Diese Phase ist nicht nur durch eine kalte Abgasanlage gekennzeichnet, sondern auch durch einen kalten Motor mit entsprechend kalten Brennraumwänden. Hier kommt es häufiger zu Flammenerlöschungsphänomenen nahe den Wänden und damit zu erhöhten HC- und CO-Emissionen. Durch die Wirkungsgradverschlechterung des FAÖ muss jedoch mehr Kraftstoff eingespritzt werden, was zu einer Anhebung der Prozesstemperaturen führt. Demzufolge wird mehr Wärme in die Brennraumwände eingetragen, sodass die Flammenerlöschungen weniger intensiv stattfinden. Dies führt in der ersten Phase des Aufheizens zu einer Reduzierung der HC- und CO-Emissionen bezüglich der Referenzmessung (Abbildung 8.22).

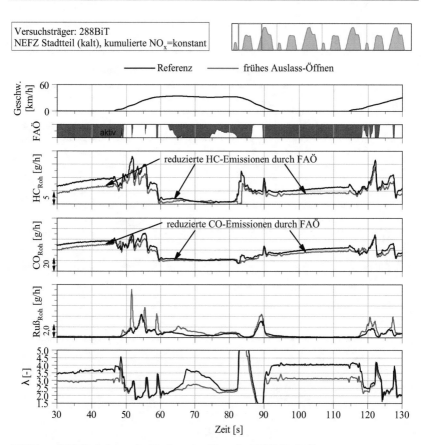

Abbildung 8.22: Emissionsverlauf in der ersten Phase des NEFZ-Stadtteils

Nach der ersten Phase folgt die zweite Phase, in der die Motortemperatur und die Brenn-raumwandtemperaturen ausreichend hoch sind. In dieser Phase spielen die Flammenerlö-schungen eine kleinere Rolle, sodass sich die negativen Einflüsse des FAÖ hinsichtlich der HC- und CO-Emissionen durchsetzen. Hier dominiert die reduzierte Nachoxidation durch eine reduzierte Expansion sowie das geringere Luftverhältnis (Abbildung 8.23).

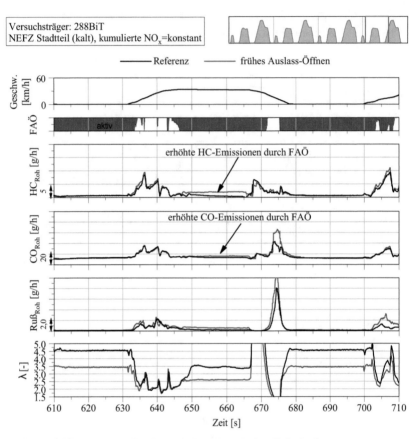

Abbildung 8.23: Emissionsverlauf in der zweiten Phase des NEFZ-Stadtteils

Über den gesamten Zyklus kompensieren sich die beiden Phasen und damit die Effekte gegenseitig, sodass ein neutrales Verhalten der HC- und CO-Emissionen während des Aufheizens zu beobachten ist.

9 Zusammenfassung und Ausblick

9.1 Zusammenfassung

Das Ziel der Arbeit bestand darin, die für die Schadstoffkonvertierung notwendigen Abgas- und Bauteiltemperaturen in kritischen motorischen Betriebszuständen (Warmhalten und Aufheizen) zur Verfügung zu stellen.

Die Beeinflussung der Abgastemperatur in der Abgasnachbehandlung (ANB) wird als Abgasthermomanagement bezeichnet. In dieser Arbeit erfolgt zunächst eine Einteilung der verschiedenen Betriebsarten des Abgasthermomanagements hinsichtlich der Bauteil- und Gaseintrittstemperatur. Hierzu zählen vier Betriebsarten: das Warmhalten, der Normalbetrieb bzw. der Temperaturvorhalt, das aktive Aufheizen und das passive bzw. schnelle Aufheizen. Das Warmhalten und das aktive Aufheizen (kurz: Aufheizen) sind dabei die kritischen Betriebsarten, bei denen eine Abgastemperaturanhebung erforderlich ist, um hohe Konvertierungsraten in der ANB zu gewährleisten. Daher stellten diese Betriebsarten den Schwerpunkt dieser Arbeit dar. Eine Untersuchung ergab, dass nicht nur die Temperatur, sondern auch der Abgasmassenstrom einen großen Einfluss auf das Temperaturniveau in der ANB hat. Während bei gleichbleibender Temperatur ein höherer Massenstrom und damit eine höhere Enthalpie die Zeit zum Erreichen der Zieltemperatur beim Aufheizen stark reduziert, reduziert ein größerer Abgasmassenstrom bei nicht ausreichend hohen Temperaturen die Abkühlzeit der ANB. Aufgrund dieser unterschiedlichen Verhaltensweisen war es notwendig, die Untersuchungen in Warmhalten und Aufheizen zu differenzieren.

Die Möglichkeiten zur Beeinflussung des Abgasthermomanagements sind vielfältig. In dieser Arbeit wurden speziell die VVT-Temperaturmaßnahmen, also Maßnahmen, die infolge eines variablen Ventiltriebs zu einer Temperaturanhebung führen, untersucht. Diese beeinflussen den Gaspfad mit dem Ziel, die Abgastemperatur zu erhöhen.

Da die Temperaturanhebung eine Grundvoraussetzung zur Sicherstellung einer aktiven Abgasnachbehandlungsanlage ist, wurden die VVT-Temperaturmaßnahmen zunächst nur hinsichtlich der erreichbaren Temperaturanhebung analysiert. Anschließend konnten die herausgearbeiteten Maßnahmen hinsichtlich des Abgasthermomanagements beurteilt werden.

Hierzu wurde eine Methode zur Quantifizierung der Temperaturanteile hergeleitet, durch die es möglich ist, die Temperaturanhebung infolge der Füllungsreduzierung und infolge der Kraftstoffanhebung zu bestimmen. Durch Herausrechnen dieser beiden Anteile ergibt sich ein spezifischer Temperaturanteil als Rest, der durch die Isolierung leichter zu deuten ist. Die Analyse der Temperatureffekte ergab, dass für die Maßnahmen infolge der Wirkungsgradverschlechterung, wie z. B. das frühe Auslass-Öffnen (FAÖ) und die Nacheinspritzung (NE), ein hoher Temperaturanteil nicht nur durch den erhöhten Kraftstoffeinsatz entsteht, sondern auch durch den Wärmeausschub. Beim späten Einlass-Öffnen (SEÖ) hingegen spielen die Füllungsreduzierung und die Verbrauchsanhebung hinsichtlich der Abgastemperatur

© Springer Fachmedien Wiesbaden GmbH, ein Teil von Springer Nature 2019
L. Mathusall, *Potenziale des variablen Ventiltriebes in Bezug auf das Abgasthermomanagement bei Pkw-Dieselmotoren*, AutoUni – Schriftenreihe 137,
https://doi.org/10.1007/978-3-658-25901-3_9

eine gleichbedeutende Rolle. Des Weiteren ergab die Analyse, dass die Maßnahmen, wie Zylinderabschaltung (ZAS), spätes Einlass-Schließen (SES) und Absenkung des Saugrohrdrucks mittels Drosselklappe (Dkl), fast ausschließlich durch eine Absenkung der Füllung zu einer Anhebung der Abgastemperatur führen. Diese wurden als Temperaturmaßnahmen infolge der Füllungsreduzierung zusammengefasst. Die AGR-Strategien Hochdruckabgasrückführung (HDAGR), interne Abgasrückführung mittels Rücksaugen (iAGR-RS) sowie die interne Abgasrückführung mittels Vorlagern (iAGR-VL) führen durch eine Anhebung der Füllungstemperatur, aber auch gleichzeitig durch eine Reduzierung der Füllung zu einer Abgastemperaturanhebung. Dennoch werden diese Maßnahmen als Temperaturmaßnahmen infolge der Füllungstemperaturanhebung bezeichnet, um diese von den reinen Füllungsmaßnahmen zu differenzieren.

Neben der Temperaturanalyse wurden zusätzlich die Verbrauchs- und Emissionsänderungen ausgewertet. Hier stellte sich heraus, dass die Maßnahmen infolge der Wirkungsgradverschlechterung prinzipbedingt eine deutliche Verbrauchsanhebung gegenüber den anderen Maßnahmen besitzen. Allerdings führen Temperaturmaßnahmen, in denen sich die Füllung reduziert, zu erhöhten Emissionen, die durch hohe Prozesstemperaturen, wie beispielsweise bei der ZAS und den AGR-Maßnahmen (HDAGR, iAGR-RS, iAGR-RS), zum Teil vermieden bzw. reduziert werden können.

Um den Versuchsaufwand hinsichtlich der dynamischen Untersuchungen zum Abgasthermomanagement überschaubar zu halten, wurde aus den stationären Untersuchungen eine Auswahl an VVT-Maßnahmen getroffen. Hierfür wurden Maßnahmen verschiedener Gruppen bezüglich der Wirkmechanismen auf die Abgastemperaturanhebung (infolge Wirkungsgradverschlechterung, Füllungsreduzierung und Füllungstemperaturanhebung) gewählt, die zudem zu einer möglichst hohen Temperaturanhebung führen. Aus diesem Grund wurden das FAÖ, die ZAS und die iAGR-RS als VVT-Temperaturmaßnahmen priorisiert. Diese Maßnahmen wurden in verschiedenen Temperaturstufen (FAÖ bei 80, 95 und $110°KW$ v. UT; iAGR-RS mit einem Hub von $1,5\ mm$ und einer Öffnungsdauer von 50, 100 und $150°KW$; ZAS auf Zylinder 2 und 3 mit Deaktivierung von Einspritzung und Ventilerhebungskurven) in einem NEFZ-Stadtteil für Lasten unterhalb von $75\ Nm$ inneres Drehmoment und Drehzahlen unterhalb von $2000\ U/min$ aktiviert und hinsichtlich des Abgasthermomanagements (Warmhalten und Aufheizen) untersucht.

Für das Warmhalten ist eine Reduzierung des Abgasmassenstroms über die ANB am effektivsten. Dadurch wird ein Auskühlen durch kalte Abgasmassenströme reduziert. Eine Reduzierung des Abgasmassenstroms kann relativ verbrauchsgünstig durch Absenkung der Zylinderfüllung oder durch Entnahme von Abgas vor der ANB in Form einer Abgasrückführung, erfolgen. Die ZAS konnte dies am effektivsten umsetzten. Hier traten während des NEFZ-Stadtteils sowohl im DOC als auch im SDPF keine Temperaturen unterhalb von $200°C$ auf, sofern die ZAS auch im Leerlauf aktiv war. Auch mit der Maßnahme iAGR-RS konnte eine effektive Reduzierung der niedrigen Temperaturbereiche erreicht werden, die allerdings sehr gut vergleichbar mit den konventionellen Maßnahmen, HDAGR und Füllungsreduzierung, ist. Für alle drei Maßnahmen konnten die Zeitanteile im DOC unterhalb von $200°C$ sowie die Zeitanteile im SDPF unterhalb von $190°C$ auf etwa 10% reduziert werden. Unterschiede ergaben sich vor allem in den Emissionen. Hier zeigte sich die

HDAGR vorteilhaft gegenüber der Füllungsreduzierung und der iAGR-RS, allerdings nur, da die HDAGR unter den Ladedruckbedingungen der Referenzmessung durchgeführt werden konnte. Die Füllungsreduzierung und die iAGR-RS wurden mit deutlich niedrigeren Ladedrücken umgesetzt, die bei dem ausgelegten Hochleistungsbrennverfahren des verwendeten Versuchsträgers 288BiT zu starken Emissionsanstiegen führt. Allein die Ladedruckreduzierung führt zu einem Anstieg der HC- und CO-Emissionen von etwa 30%. Das FAÖ konnte, ähnlich wie die ZAS, im DOC Temperaturen unterhalb von $200°C$ und im SDPF unterhalb von $190°C$ komplett vermeiden, allerdings mit einem Verbrauchsanstieg von etwa 13%.

Diese Verbrauchsanhebung führt jedoch auch zur Anhebung der Abgasenthalpie, was sich positiv auf das Aufheizen auswirkt. Hier konnte das FAÖ die Zeit unterhalb von $160°C$ im DOC um lediglich 60 s und im SDPF um lediglich 170 s verkürzen. Ausreichend ist dies jedoch nicht, da die absolute Zeit unterhalb der Zieltemperatur bei über 4 min (DOC) bzw. bei über 6 min (SDPF) liegt. Alle anderen untersuchten Maßnahmen konnten trotz Temperaturanhebung keine Verkürzung der Aufheizzeit erzielen, da die Enthalpie für die großen thermischen Massen zwischen Motoraustritt und Eintritt in die ANB nicht ausreichend ist. Dies liegt unter anderem auch an der im Versuchsträger verwendeten doppelten Aufladung, die aus zwei hintereinander geschalteten Turbinen besteht.

Damit konnte gezeigt werden, dass es erforderlich ist, das Abgasthermomanagement auch hinsichtlich der Temperaturmaßnahmen in Warmhalten und Aufheizen getrennt zu betrachten. Während die VVT-Maßnahmen einen nahezu verbrauchsneutralen Beitrag hinsichtlich des Warmhaltens, mit Maßnahmen wie ZAS und iAGR-RS, leisten können, ist eine Verbesserung des Aufheizens als alleinige Maßnahme nicht ausreichend. Hier zeigt lediglich das FAÖ ein Potenzial, allerdings nur unter einer hohen Verbrauchsanhebung (11%) mit unzureichender Verbesserung der Aufheizzeit.

9.2 Ausblick

Bisher konnte durch die Untersuchungen lediglich eine Aussage zur Entwicklung der Abgastemperatur gegeben werden. Allerdings ist das primäre Ziel die Verbesserung der Konvertierungsraten, weswegen es zwingend erforderlich ist, entsprechende Messtechnik (doppelte Abgasmessung) für die weiteren Untersuchungen zu verwenden. Dadurch wird es möglich sein, eine detaillierte Aussage zu den Strategien Füllungsreduzierung, HDAGR und iAGR-RS zu treffen, da diese hinsichtlich der Abgastemperaturen sehr ähnliche Ergebnisse erzielen, allerdings bei unterschiedlichen Rohemissionsniveaus.

Des Weiteren gibt es hinsichtlich der Rohemissionen diverse Problemstellungen, die es zu beseitigen gilt. Die ZAS zeigte einen relativ starken Emissionsanstieg in den dynamischen Untersuchungen, der vor allem auf die Reaktivierung der nicht brennenden Zylinder zurückzuführen ist. Grund dafür sind die ausgekühlten Zylinder, die zu höheren Emissionsentstehungen durch Quencheffekte neigen. Die iAGR zeigt ebenfalls Probleme, jedoch hinsichtlich der Rußemissionen. Diese entstehen hauptsächlich in den Bereichen, in denen zwischen interner und externer AGR umgeschaltet wird. Hier führen die unterschiedlichen Totzeiten zu einem notwendigen NDAGR-Vorhalten, was zur Einhaltung der kumulierten Stickstoff-oxide erforderlich ist.

Generell ist darauf zu achten, das Brennverfahren bei niedrigen Lasten für geringe Lade-drücke aus Emissionssicht zu ertüchtigen, da das Warmhalten durch Reduzierung des Ab-gasmassenstroms und damit auch durch Reduzierung der Zylinderfüllung verbrauchsgüns-tig und effektiv umgesetzt werden kann. Ein Grund für die niedrigeren Abgastemperaturen des Dieselmotors gegenüber dem Ottomotor ist die hohe Füllung, die aus Temperatursicht reduziert werden sollte, allerdings möglichst ohne Verbrauchsnachteile.

Das Aufheizen erfordert zur Verkürzung der benötigten Zeit eine hohe Enthalpie vor der ANB. Diese muss, wie z. B. durch das FAÖ, mit einer hohen Verbrauchsanhebung erkauft werden. Trotzdem ist dies alleine nicht ausreichend, sodass zusätzliche Maßnahmen erfor-derlich sind, um die Temperatursenken auf dem Weg zur ANB gering zu halten. Maßnah-men wie das FAÖ, aber auch die Nacheinspritzung in Kombination mit Turbinenbypässen könnten eine effektive Kombination zur Reduzierung der Aufheizzeit darstellen. Eine Nach-einspritzung birgt jedoch das Risiko einer Ölverdünnung, die besonders bei häufigen Kalt-starts zu relevanten Ölverdünnungen und infolge dessen zu Motorschäden führen könnten. Eine andere Möglichkeit stellt die Anwendung eines elektrisch beheizten Katalysators dar, der die Wärme direkt an die Bauteile befördert, an denen sie benötigt wird. Hier ist jedoch die Ausführung des Fahrzeugbordnetzes und damit die zur Verfügung stehende elektrische Leistung entscheidend.

Insgesamt kann der Ventiltrieb damit einen Beitrag zum Abgasthermomanagement leisten, den es aber weiter bezüglich der erreichbaren Konvertierungsraten und vor allem unter den entstehenden Kosten zu bewerten gilt.

Literaturverzeichnis

[1]   ALBRECHT, M. ; FRIESE, K. ; RAMMELBERG, H. : Potenzial chemischer Wärmespeicher zur Katalysatorerwärmung. In: *MTZ-Motortechnische Zeitschrift* 78 (2017), Nr. 5, S. 84–91. – ISSN 0024–8525

[2]   AVL LIST GMBH: *AVL Micro Soot Sensor: Measuring Princip.* https://www.avl. com/-/avl-micro-soot-sensor-aviation. Version: 04.08.2017

[3]   AVL LIST GMBH: *AVL Smoke Meter: Measuring Princip.* https://www.avl.com/ -/avl-smoke-meter. Version: 04.08.2017

[4]   AVL LIST GMBH: *Gerätehandbuch: AVL Mirco Soot Sensor.* Graz : AVL LIST GmbH, 2008

[5]   AVL LIST GMBH: *Gerätebeschreibung der Abgasmessanlage mit IRD-Analysator: AVL AMA I60 IRD.* Graz : AVL LIST GmbH, 2011

[6]   AVL LIST GMBH: *Gerätehandbuch: AVL415S Rauchmeßgerät.* Graz : AVL LIST GmbH, 2013

[7]   AVL LIST GMBH: *Product Guide: AVL FLOWSONIX^{TM} AIR.* Österreich : AVL LIST GmbH, 2014

[8]   BARGENDE, M. (Hrsg.) ; REUS, H.-C. (Hrsg.) ; WIEDEMANN, J. (Hrsg.): *15. Internationales Stuttgarter Symposium.* Wiesbaden : Springer Fachmedien Wiesbaden, 2015 . – ISBN 978–3–658–00844–6

[9]   BAX, M. : *Entwicklung und Verifikation einer vereinfachten Ladungswechselanalyse.* Braunschweig, TU Braunschweig, Studienarbeit, 2013

[10] BEICHTBUCHNER, A. ; BÜRGLER, L. ; WANCURA, H. ; WEISSBÄCK, M. ; PRAMHAS, J. ; SCHUTTING, E. : HSDI Diesel on the Way to SULEV-Concept Evaluation. In: ECKSTEIN, L. (Hrsg.) ; PISCHINGER, S. (Hrsg.): *21. Aachener Kolloquium Fahrzeugund Motorentechnik,* 2012, S. 1203–1224

[11] BHARATH, A. N. ; YANG, Y. ; REITZ, R. D. ; RUTLAND, C. : Comparison of Variable Valve Actuation, Cylinder Deactivation and Injection Strategies for Low-Load RCCI Operation of a Light Duty Engine. In: *SAE Technical Paper* (2015), Nr. 2015-01-0843

[12] BHARDWAJ, O. P. ; HOLDERBAUM, B. ; GRUSSMANN, E. ; FRICKE, F. : Emissionsund Verbrauchsreduktion beim Dieselmotor durch gebaute Abgaskrümmer-TurbinenModule. In: *MTZ-Motortechnische Zeitschrift* 76 (2015), Nr. 10, S. 46–51. – ISSN 0024–8525

[13] BLODIG, S. M.: *Warmlauf des Verbrennungsmotors im Hybridfahrzeug.* München, Universität München, Dissertation, 2011

© Springer Fachmedien Wiesbaden GmbH, ein Teil von Springer Nature 2019
L. Mathusall, *Potenziale des variablen Ventiltriebes in Bezug auf das Abgasthermomanagement bei Pkw-Dieselmotoren,* AutoUni – Schriftenreihe 137, https://doi.org/10.1007/978-3-658-25901-3

[14] BRAUER, M. ; DIEZEMANN, M. ; POHLKE, R. ; ROHR, S. ; SEVERIN, C. ; WERLER, A. : Variabler Ventiltrieb: aktives Abgastemperaturmanagement am Dieselmotor. In: ATZ| MTZ | ATZELEKTRONIK (Hrsg.): 5. MTZ-Fachtagung, 2012, S. 1–32

[15] BRODA, A. : Untersuchungen zum aktiven Luftmanagement an direkteinspritzenden Dieselmotoren. Braunschweig, TU Braunschweig, Dissertation, 2015

[16] BUNDESVERBAND DER ENERGIE- UND WASSERWIRTSCHAFT: Energiemix. https://www.bdew.de/internet.nsf/id/energiemix-de. Version: 24.07.2017

[17] BUNDESZENTRALE FÜR POLITISCHE BILDUNG: Energiemix. http://www.bpb.de/nachschlagen/zahlen-und-fakten/europa/75143/energiemix. Version: 08.08.2017

[18] DEPPENKEMPER, K. : Potential of Valve Train Variabilities of Gas Exchange of Diesel Engines II. Frankfurt am Main, FVV, Abschlussbericht FVV Report 1109-2016, 2016

[19] DEPPENKEMPER, K. ; GÜNTHER, M. ; PISCHINGER, S. : Potenziale von Ladungs-wechselvariabilitäten beim Pkw-Dieselmotor II. In: MTZ-Motortechnische Zeitschrift 78 (2017), Nr. 3, S. 70–75. – ISSN 0024–8525

[20] DIEZEMANN, M. ; POHLKE, R. ; BRAUER, M. ; SEVERIN, C. : Anhebung der Abgastemperatur am Dieselmotor durch variablen Ventiltrieb. In: MTZ-Motortechnische Zeitschrift 74 (2013), Nr. 4, S. 308–315. – ISSN 0024–8525

[21] EDER, T. ; WELLER, R. ; SPENGEL, C. ; BÖHM, J. ; HERWIG, H. ; SASS, H. ; TIESSEN, J. ; KNAUEL, P. : Launch of the New Engine Family at Mercedes-Benz. In: ECKSTEIN, L. (Hrsg.) ; PISCHINGER, S. (Hrsg.): 24. Aachener Kolloquium Fahrzeug- und Motorentechnik, 2015, S. 7–30

[22] EILTS, P. : Verbrennung und Emission der Verbrennungskraftmaschine: Vorlesungs-umdruck SS2012. Braunschweig, 2012

[23] ENGELJEHRINGER, K. : Abgasmesssystem für die Entwicklung schadstoffarmer Dieselmotoren. In: MTZ-Motortechnische Zeitschrift 67 (2006), Nr. 7-8, S. 544–547. – ISSN 0024–8525

[24] EUROPÄISCHE UNION: VERORDNUNG (EU) 2016/427 der Komission vom 10. März 2016 zur Änderung der Verordnung (EG) Nr. 692/2008 hinsichtlich der Emissionen von leichten Personenkraftwagen und Nutzfahrzeugen (Euro 6). 10.03.2016

[25] FAUST, H. ; SCHEIDT, M. : Möglichkeiten und Grenzen der Zylinderabschaltung im Antriebsstrang. In: MTZ-Motortechnische Zeitschrift 77 (2016), Nr. 6, S. 82–87. – ISSN 0024–8525

[26] GAMMA TECHNOLOGIES (Hrsg.): GT-SUITE Manuel. Version 7.5. Westmont, 2015

[27] GEHRKE, S. : Beitrag zum gaspfadseitigen Abgasmanagement an Nutzfahrzeugmotoren. Braunschweig, TU Braunschweig, Dissertatiom, 2015

[28] GEISSELMANN, A. D. ; LAPPAS, I. D. ; MÜLLER, W. ; MUSSMANN, L. D.: *Entstickung von Dieselmotorenabgasen unter Verwendung eines temperierten Vorkatalysators zur bedarfsgerechten NO2-Bereitstellung*. https://www.google.com/patents/DE102007060623B4?cl=de. Version: 2011

[29] HANNIBAL, W. ; FLIERL, R. ; STIEGLER, L. ; MEYER, R. : Overview of current continuously variable valve lift systems for four-stroke spark-ignition engines and the criteria for their design ratings. In: *SAE Technical Paper* (2004), Nr. 2004-01-1263

[30] HARKONEN, M. A. ; TRIGUNAYAT, A. ; KUMAR, A. ; RAJAN, B. : Strategies for NO x and PM Control for Light Duty Vehicles to Meet BS VI Norms in India. In: *SAE Technical Paper* (2017), Nr. 2017-26-0117

[31] HATANO, J. ; FUKUSHIMA, H. ; SASAKI, Y. ; NISHIMORI, K. ; TABUCHI, T. ; ISHIHARA, Y. : The New 1.6L 2-Stage Turbo Diesel Engine for HONDA CR-V. In: ECKSTEIN, L. (Hrsg.) ; PISCHINGER, S. (Hrsg.): *24. Aachener Kolloquium Fahrzeug- und Motorentechnik*, 2015, S. 51–67

[32] HEIDUK, T. ; WEISS, U. ; FRÖHLICH, A. ; HELBIG, J. ; ZÜLCH, STEFAN LORENZ, STEFAN: Der neue V8-TDI von Audi. In: LENZ, H. P. (Hrsg.): *37. Internationales Wiener Motorsymposium*, 2016, S. 160–192

[33] HEIKES, H. : *System-und Komponentenanalyse für hohen thermodynamischen Wirkungsgrad beim Ottomotor*. Braunschweig, TU Braunschweig, Dissertation, 2014

[34] HEIMERMANN, C. ; WIEGEL, M. ; SCHÜTTENHELM, M. ; FRAMBOURG, M. : Der elektromotorisch vollvariable Ventiltrieb als Werkzeug in der Dieselmotorenforschung von Volkswagen. In: ATZl MTZ I ATZELEKTRONIK (Hrsg.): *6. MTZ-Fachtagung: Aufladung - Ventiltrieb - Gemischbildung*, 2013, S. 1–17

[35] HEIMERMANN, C. : *iAGR durch Abgasrücksaugen Strömungsmessung Tippelmann-FO*. Volkswagen AG, 2016

[36] HOFER, M. : *VVT Drallsimulation - Auswertung*. Volkswagen AG, 2017

[37] HONARDAR, S. ; DEPPENKEMPER, K. : Potenziale von Ladungswechselvariabilitäten beim PKW-Dieselmotor. In: *MTZ-Motortechnische Zeitschrift* 75 (2014), Nr. 9, S. 64–69. – ISSN 0024–8525

[38] HONARDAR, S. ; DEPPENKEMPER, K. ; NIJS, M. ; PISCHINGER, S. : Rohemissionsvorteile und verbessertes Light-off-/Regenerationsverhalten mithilfe von Ventiltriebsvariabilitäten am Pkw-Dieselmotor. In: ATZl MTZ I ATZELEKTRONIK (Hrsg.): *5. MTZ-Fachtagung*, 2012, S. 1–16

[39] HONARDAR, S. ; DEPPENKEMPER, K. ; NIJS, M. ; PISCHINGER, S. : Einfluss unterschiedlicher Ventiltriebsvariabilitäten auf Verbrennung und Strömungscharakteristik im Zylinder beim Pkw-Dieselmotor. In: ATZl MTZ I ATZELEKTRONIK (Hrsg.): *6. MTZ-Fachtagung: Aufladung - Ventiltrieb - Gemischbildung*, 2013, S. 1–19

[40] HORIABA EUROPE GMBH - NL DARMSTADT: *Betriebsanleitung: Durchflusssensor DP150/DP220/DP300*. Darmstadt : HORIABA Europe GmbH - NL Darmstadt, 2013

[41] IHLEMANN, A. ; NITZ, N. : Zylinderabschaltung—ein alter Hut oder nur eine Nischenanwendung. In: ATZI MTZ I ATZELEKTRONIK (Hrsg.): *6. MTZ-Fachtagung: Aufladung - Ventiltrieb - Gemischbildung*, 2013, S. 1–22

[42] INTERNATIONAL ENERGY AGENCY: *Energy Statistics Division*. www.bpb.de. Version: 24.07.2016

[43] JOCHEN, I. : *Der Rotatorische Ventiltrieb (RVT)–ein vollvariabler, elektromechanischer Ventiltrieb zur Betätigung von Gaswechselventilen*. 2009

[44] KELLNER, S. : *Untersuchung des Ladungswechsels eines 4-Zylinder Dieselmotors mit variablem Ventiltrieb*. Braunschweig, TU Braunschweig, Dissertation, 2017

[45] KOPP, C. : *Variable Ventilsteuerung für Pkw-Dieselmotoren mit Direkteinspritzung*. Magdeburg, Otto-von-Guericke-Universität Magdeburg, Dissertation, 2006

[46] KREUZ, J. ; NOACK, H.-D. ; WELSCH, F. ; BARON, J. ; BREMM, S. : NSC and SCR as Components in a Modular System for Sustainable Solutions of Passenger Car Exhaust Aftertreatment. In: ECKSTEIN, L. (Hrsg.) ; PISCHINGER, S. (Hrsg.): *24. Aachener Kolloquium Fahrzeug- und Motorentechnik*, 2015, S. 1–17

[47] KROLL, M. ; HENRICH, B. : Innenliegende Isolierung für ein mehrteiliges Turboladergehäuse. In: *MTZ-Motortechnische Zeitschrift* 76 (2015), Nr. 5, S. 42–47. – ISSN 0024–8525

[48] LAIBLE, T. ; PISCHINGER, S. ; GÜNTHER, M. : Light-off/out Support at Catalyst of Diesel Engine. In: *MTZ worldwide* 76 (2015), Nr. 11, S. 58–64. – ISSN 2192–9114

[49] LEITNER-GARNELL, A. : *Ingenium: Motorentechnologie auf Spitzenniveau bringt den neuen Jaguar XE auf Touren*. http://newsroom.jaguarlandrover.com/node/2760. Version: 25.09.2014

[50] LIU, Y. ; ALI, A. ; REITZ, R. D.: Simulation of effects of valve pockets and internal residual gas distribution on HSDI diesel combustion and emissions. In: *SAE Technical Paper* (2004), Nr. 2004-01-0105

[51] LÜCKERT, P. ; ARNDT, S. ; DUVINAGE, F. ; KEMMER, M. ; SASS, H. ; BRAUN, T. ; PFAFF, R. ; DIGESER, S. ; BINZ, R. ; KOEHLEN, C. ; ELLWANGER, S. ; WELLER, R. : OM 656 - Die neue 6-Zylinder Spitzenmotorisierung von Mercedes Benz. In: LENZ, H. P. (Hrsg.) ; GERINGER, B. (Hrsg.): *38. Internationales Wiener Motorensymposium*, 2017, S. 2–26

[52] LÜCKERT, P. ; ARNDT, S. ; DUVINAGE, F. ; KEMMNER, M. ; BINZ, R. ; STORZ, O. ; REUSCH, M. ; BRAUN, T. ; ELLWANGER, S. : The New Mercedes-Benz 4-Cylinder Diesel Engine OM654 – The Innovative Base Engine of the New Diesel Generation. In:

ECKSTEIN, L. (Hrsg.) ; PISCHINGER, S. (Hrsg.): *24. Aachener Kolloquium Fahrzeug-und Motorentechnik*, 2015, S. 867–892

[53] MAHLE GMBH (Hrsg.): *Ventiltrieb: Systeme und Komponenten*. Stuttgart : Springer, 2013. – ISBN 978-3-8348-2490-5

[54] MAIWALD, O. ; BRÜCK, R. ; ROHRER, S. ; ZAKI, M. ; SCHATZ, A. ; ATZLER, F. : Optimised Diesel Combustion and SCR Exhaust Aftertreatment Combined with a 48 V System for Lowest Emissions and Fuel Consumption in RDE. In: ECKSTEIN, L. (Hrsg.) ; PISCHINGER, S. (Hrsg.): *25. Aachener Kolloquium Fahrzeug- und Motorentechnik*, 2016, S. 1273–1304

[55] MANTOVANI, M. ; CIUTIIS, H. de ; DANIERE, P. ; SHIRAHASHI, Y. : Innovative Konzepte zur thermo-akustischen Kapselung des Motorraums. In: *ATZ-Automobiltechnische Zeitschrift* 112 (2010), Nr. 1, S. 20–25. – ISSN 0001–2785

[56] MATHUSALL, L. : *Potentialabschätzung der inneren Abgasrückführung in Hinblick auf stationäre und transiente Emissionsminimierung an einem Pkw-Dieselmotor mit variablem Luftpfad*. Braunschweig, TU Braunschweig, Masterarbeit, 2014

[57] MERKER, G. (Hrsg.) ; TEICHMANN, R. (Hrsg.): *Grundlagen Verbrennungsmotoren. Funktionsweise, Simulation, Messtechnik,.* 7. Auflage. Wiesbaden : Springer Fachmedien Wiesbaden, 2014. – ISBN 978-3-658-03194-7

[58] MO, H. ; HUANG, Y. ; MAO, X. ; ZHUO, B. : The effect of cylinder deactivation on the performance of a diesel engine. In: *Proceedings of the Institution of Mechanical Engineers, Part D: Journal of Automobile Engineering* 228 (2014), Nr. 2, S. 199–205. – ISSN 0954–4070

[59] MOLLENHAUER, K. (Hrsg.) ; TSCHÖKE, H. (Hrsg.): *Handbuch dieselmotoren*. 3. Auflage. Berlin Heidelberg : Springer-Verlag, 2007. – ISBN 978-3-540-72164-2

[60] MONSCHEIN, W. ; GRABNER, P. ; EICHLSEDER, H. ; QUASTHOFF, M. ; KIWITZ, P. : Untersuchungen zur Zylinderabschaltung an einem Dieselmotor für den Einsatz in mobilen Arbeitsmaschinen. In: BARGENDE, M. (Hrsg.) ; REUS, H.-C. (Hrsg.) ; WIEDEMANN, J. (Hrsg.): *15. Internationales Stuttgarter Symposium*. Wiesbaden : Springer Fachmedien Wiesbaden, 2015. – ISBN 978-3-658-00844-6, S. 353–368

[61] NEUSSER, H.-J. ; KAHRSTEDT, J. ; DORENKAMP, R. ; JELDEN, H. : Die Euro-6-Motoren des modularen Dieselbaukastens von Volkswagen. In: *MTZ-Motortechnische Zeitschrift* 74 (2013), Nr. 6, S. 440–447. – ISSN 0024–8525

[62] PECK, R. S.: *Experimentelle Untersuchung und dynamische Simulation von Oxidationskatalysatoren und Diesel-Partikelfiltern*. Stuttgart, Universität Stuttgart, Dissertation, 2007

[63] PFEIFER, A. ; CUTRANA, R. ; GURNEY, D. : Potenzial variabler Auslasssteuerzeiten zum Abgastemperatur Management bei HD- und NRMM-Motoren am Beispiel der Mahle CamInCam. In: FÖRDERKREIS ABGASNACHBEHANDLUNGSTECHNOLOGIEN FÜR DIESELMOTOREN (Hrsg.): *13. FAD Konferenz*, 2015, S. 51–59

[64] PISCHINGER, R. ; KLELL, M. ; SAMS, T. : *Thermodynamik der Verbrennungskraftmaschine*. Springer-Verlag, 2009. – ISBN 3211992774

[65] PISCHINGER, S. ; HONARDAR, S. : *Potenziale von Ladungswechselvariabilitäten beim PKW-Dieselmotor*. Fulda, FVV-Herbsttagung, Zwischenbericht Nr.1027, 2011

[66] PUCHER, H. (Hrsg.) ; ZINNER, K. (Hrsg.): *Aufladung von Verbrennungsmotoren: Grundlagen, Berechnungen, Ausführungen*. Berlin Heidelberg : Springer-Verlag, 2012. – ISBN 978–3–642–28989–7

[67] REIF, K. (Hrsg.): *Dieselmotor-Management im Überblick*. Wiesbaden : Springer Fachmedien Wiesbaden, 2014. – ISBN 978–3–658–06554–6

[68] REIF, K. (Hrsg.): *Grundlagen Fahrzeug-und Motorentechnik*. Wiesbaden : Springer Fachmedien Wiesbaden GmbH, 2017. – ISBN 978–3–658–12635–3

[69] REZAEI, R. ; PISCHINGER, S. ; KOLBECK, A. : Optimierung des Ladungswechsels und Emissionsreduktion an einem Pkw Dieselmotor. In: ATZ| MTZ | ATZELEKTRONIK (Hrsg.): *3. MTZ-Fachtagung*, 2010, S. 1–21

[70] ROMARE, M. ; DAHLLÖF, L. : *The Life Cycle Energy Consumption and Greenhouse Gas Emissions from Lithium-Ion Batteries: A Study with Focus on Current Technology and Batteries for light-duty vehicles*. Stockholm, IVL Swedish Environmental Research Institute, Report, 2017

[71] SCHNEIDER, F. ; LETTMANN, M. : MAHLE CamInCam, die neue Lösung für variable Ventilsteuerzeiten. In: WALLENTOWITZ, H. (Hrsg.) ; PISCHINGER, S. (Hrsg.): *16. Aachener Kolloquium Fahrzeug- und Motorentechnik*, 2007, S. 971–978

[72] SCHNEIDER, F. ; LETTMANN, M. : Variable Ventilsteuerzeiten für jedes Motorenkonzept. In: *MTZ-Motortechnische Zeitschrift* 69 (2008), Nr. 5, S. 414–419. – ISSN 0024–8525

[73] SCHUTTING, E. ; NEUREITER, A. ; FUCHS, C. ; SCHATZBERGER, T. ; KLELL, M. ; EICHLSEDER, H. ; KAMMERDIENER, T. : Miller-und Atkinson-Zyklus am aufgeladenen Dieselmotor. In: *MTZ-Motortechnische Zeitschrift* 68 (2007), Nr. 6, S. 480–485. – ISSN 0024–8525

[74] SEO, J.-M. ; PARK, J.-W. ; LEE, J.-H. ; LIM, S. ; JOO, K.-H. ; KIM, S.-J. : Fulfilment of Most Stringent EU Emission Limits by Combining NOX Storage Catalyst and SCR System in the Diesel Passenger Car. In: ECKSTEIN, L. (Hrsg.) ; PISCHINGER, S. (Hrsg.): *24. Aachener Kolloquium Fahrzeug- und Motorentechnik*, 2015, S. 511–532

[75] SEVERIN, C. ; BUNAR, F. ; BRAUER, M. ; DIEZEMANN, M. ; SCHULTALBERS, W. ; BUSCHMANN, G. ; KRATZSCH, M. ; BLUMENRÖDER, K. : Potentiale einer hochintegrierten Abgasnachbehandlung für zukünftige PKW Dieselmotoren. In: LENZ, H. P. (Hrsg.) ; GERINGER, B. (Hrsg.): *38. Internationales Wiener Motorensymposium*, 2017, S. 185–207

[76] STEINPARZER, F. ; NEFISCHER, P. ; STÜTZ, W. ; HIEMESCH, D. ; KAUFMANN, M. : Die neue BMW Sechszylinder Spitzenmotorisierung mit innovativem Aufladekonzept. In: LENZ, H. P. (Hrsg.): *37. Internationales Wiener Motorsymposium*, 2016, S. 138–159

[77] SURESH, A. ; ARNETT, C. ; CHILUMUKURU, K. ; MAGEE, M. ; RUTH, M. ; CHEN, Y. : Advanced Diesel System Technologies for Meeting SULEV30/Bin30 Emission Standards and Improving Fuel Economy on a Light-Duty Pickup Truck. In: ECKSTEIN, L. (Hrsg.) ; PISCHINGER, S. (Hrsg.): *24. Aachener Kolloquium Fahrzeug- und Motorentechnik*, 2015, S. 893–926

[78] TEMP, A. : *Potenziale einer variablen Auslasssteuerzeit mit Ventilhubphasing und eines 2nd Events des Auslassventils an einem Commonrail Dieselmotor.* Kaiserslautern, Technische Universität, Dissertation, 2014

[79] TERAZAWA, Y. ; NAKAI, E. ; KATAOKA, M. ; SAKONO, T. : Der neue Vierzylinder-Dieselmotor von Mazda. In: *MTZ-Motortechnische Zeitschrift* 72 (2011), Nr. 9, S. 660–667. – ISSN 0024–8525

[80] THEISSL, H. ; WALTER, L. : Improving commercial vehicle emissions and fuel economy with engine temperature management using variable valve actuation. In: *Internationaler Motorenkongress 2017*, Springer, 2017, S. 591–618

[81] TSCHÖKE, H. ; BRAUNGARTEN, G. ; PATZE, U. : *Ölverdünnung bei Betrieb eines Pkw-Dieselmotors mit Mischkraftstoff B10 Abschlussbericht des FNR.* Magdeburg, Otto-von-Guericke-Universität Magdeburg, Abschlussbericht, 2008

[82] UMWELTBUNDESAMT: *Grenzwerte für Schadstoffemissionen von PKW.* www.umweltbundesamt.de/themen/verkehr-laerm/emissionsstandards/pkw-leichte-nutzfahrzeuge. Version: 24.07.2017

[83] VAN BASSHUYSEN, R. (Hrsg.) ; SCHÄFER, F. (Hrsg.): *Handbuch Verbrennungsmotor: Grundlagen, Komponenten, Systeme, Perspektiven.* 8. Auflage. Wiesbaden : Springer Fachmedien Wiesbaden GmbH, 2017. – ISBN 978–3–658–10901–1

[84] VOLKSWAGEN AG: Die Dieselmotoren-Baureihe EA288 mit Abgasnorm EU6: Konstruktion und Funktion. In: *Selbststudienprogramm* 526 (2014)

[85] VOLKSWAGEN AG: Der 2,0l-176kW-TDI-Biturbo-Motor der Dieselmotoren-Baureihe EA288. In: *Selbststudienprogramm* 547 (2015)

[86] WERNER, R. : *Der Oxidationskatalysator vor dem Abgasturbolader eines PKW-Dieselmotors.* Dresden, TU Dresden, Dissertation, 2014

Anhang

A.1 Bestimmung der externen AGR (eAGR)

Zu den in dieser Arbeit verwendeten externen AGR zählen die ungekühlte Hochdruck-AGR sowie die gekühlte Niederdruck-AGR. Deren AGR-Rate kann durch eine Messung der CO_2-Konzentrationen bestimmt werden. Dazu ist im Allgemeinen die CO_2-Konzentration der Frischluft, des zurückgeführten Abgases sowie die CO_2-Konzentration nach der Mischstelle notwendig. Die Gasentnahme nach der Mischstelle der gekühlten Niederdruck-AGR befindet sich in der Ansaugstrecke zwischen Verdichter und integriertem Ladeluftkühler. Die Niederdruck-AGR selber wird kurz vor dem Verdichter zugeführt. Die Einleitung der ungekühlten Hochdruck-AGR findet über eine Verteilerleiste auf der sehr kurzen Strecke zwischen dem integrierten Ladeluftkühler und den Einlasskanälen statt. Hierfür ist in der Verteilerleiste für jeden Zylinder eine eigene Bohrung vorgesehen. Der geringe Bauraum nach dieser Mischstelle sowie die zylinderindividuelle Zuteilung stellen eine große Herausforderung für die Gasentnahme zur Bestimmung der Hochdruck-AGR-Rate dar. Aus diesem Grund ragen die Entnahmeröhrchen möglichst weit in die Einlasskanäle, bis kurz vor deren Flutentrennung, hinein. Außerdem wurde für jeden Zylinder ein eigenes Entnahmeröhrchen vorgesehen.

Die Formel zur Bestimmung der Niederdruck- bzw. Hochdruck-AGR-Rate lautet allgemein:

$$x_{AGR} = \frac{\dot{M}_{CO_2, nach\ Mischstelle} - \dot{M}_{CO_2, Frischluft}}{\dot{M}_{CO_2, Abgas}} \tag{1}$$

Da das Abgas durch die Verbrennung mit Wasser beladen ist, ist eine Feuchtekorrektur notwendig. Aus diesem Grund kann die eAGR-Rate nur iterativ bestimmt werden (siehe Abbildung A.1).

© Springer Fachmedien Wiesbaden GmbH, ein Teil von Springer Nature 2019
L. Mathusall, *Potenziale des variablen Ventiltriebes in Bezug auf das Abgasthermomanagement bei Pkw-Dieselmotoren*, AutoUni – Schriftenreihe 137, https://doi.org/10.1007/978-3-658-25901-3

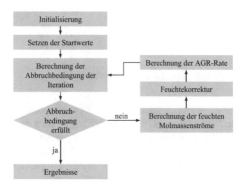

Abbildung A.1: Ablauf zur Bestimmung der externen AGR-Rate

A.2 Bestimmung der internen AGR (iAGR)

Die Ladungswechselanalyse nach [9] ermöglicht es, die interne Abgasmenge durch Vorlagern, Rücksaugen und Rückhalten zu bestimmen. Hierfür werden vier Gasbereiche definiert (siehe Abbildung A.2).

Die Massen dieser Gasbereiche werden mithilfe der Durchflussgleichung inkrementweise bestimmt. Anschließend findet eine Massenbilanz statt. Diese Massenbilanz muss zum einen mit den gemessenen Massenströmen für Ein- und Austritt übereinstimmen und zum anderen die Kontinuitätsbedingung einhalten (die Summe aller einströmenden Massen ist gleich der Summe aller ausströmenden Massen). Werden diese Bedingungen verletzt, findet eine Anpassung (Offset) des gemessenen Zylinderdrucks statt. Abbildung A.3 zeigt den schematischen Ablauf der Berechnung.

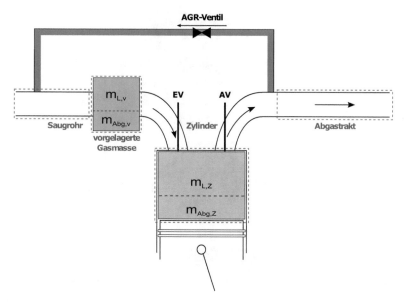

Abbildung A.2: Modell mit den vier Gasbereichen zur Ladungswechselanalyse (vereinfacht nach [9])

Die Besonderheit dieser Methode liegt vor allem in der Iteration zur Erfüllung der genannten Bedingungen. Hierzu wird der Zylinderdruck im ZOT in eine Verdichtung und in eine Expansion zerlegt. Diese beiden Teile werden separat iteriert. Zur Berechnung der iAGR über die Ladungswechselanalyse sind folgende Messwerte erforderlich:

• die indizierten Drücke sowohl im Zylinder als auch im Abgaskrümmer und im Saugrohr,

• die mittlere Temperatur im Abgaskrümmer und im Saugrohr,

• die externe AGR,

• die Abgaszusammensetzung,

• der Luft- und Kraftstoffmassenstrom,

• die effektiven Ventilquerschnitte.

Für eine detaillierte Beschreibung wird auf [9] verwiesen.

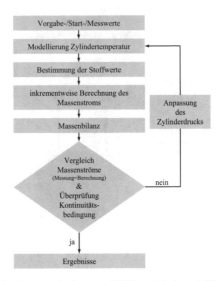

Abbildung A.3: Ablauf zur Bestimmung der internen AGR (vereinfacht nach [9])

A.3 Untersuchung des Parameterraums einer doppelten Nacheinspritzung zur Abgastemperaturanhebung

Im Folgenden soll beschrieben werden, wie die Parameter der untersuchten Nacheinspritzung (NE) aus Kapitel 6.1.1 ermittelt wurden. Die Untersuchungen selber fanden am Versuchsträger 288MDB im Betriebspunkt 1250 U/min und 45 Nm effektiv bei konstanten spezifischen Stickstoffoxidemissionen statt.

Für die Nacheinspritzung zur Abgastemperaturanhebung wurde eine Einspritzstrategie in Anlehnung an den Regenerationsbetrieb gewählt. Hierbei werden lediglich die zwei Nacheinspritzungen, die vollständig im Brennraum umgesetzt werden, genutzt. D. h., eine Erhöhung der Exothermie im DOC durch erhöhte HC-/CO-Emissionen ist nicht zielführend. Deshalb ist eine Beurteilung der Abgastemperatur vor Turbine ausreichend. Die Variation der Nacheinspritzmenge dient dabei als Haupteinflussfaktor zur Abgastemperaturanhebung, sodass die Parameter Zeitpunkt der beiden Nacheinspritzungen und Mengenaufteilung auf die beiden Nacheinspritzungen zur Emissionsoptimierung genutzt werden. Tabelle A.1 fasst alle Untersuchungen zusammen:

Tabelle A.1: Durchgeführte Variationen für die Untersuchungen zur Nacheinspritzung

Messung	Zeitpunkt 1. NE [°KW n. ZOT]	Menge 1. NE [mg/Hub]	Zeitpunkt 2. NE [°KW n. ZOT]	Menge 2. NE [mg/Hub]	Aufteilung der Mengen 1.NE/2NE [-]
1	10 - 20	2	18 - 28	4	0.5
2	10 - 20	3	18 - 28	4	0.75
3	10 - 20	4	18 - 28	4	1
4	16	1 - 4	25	3 - 5	0,2 - 1,33

In Messung 1 bis 3 wird die Einspritzzeitpunktvariation der ersten und zweiten Nacheinspritzung bei festen Einspritzmengen untersucht. Messung 4 befasst sich mit der Mengenvariation der ersten und zweiten Nacheinspritzung bei festen Einspritzzeitpunkten.

Bei den Untersuchungen stellte sich heraus, dass die Variationen der Zeitpunkte der Nacheinspritzung unabhängig von der Mengenaufteilung einen Trade-Off zwischen den HC- und Rußemissionen aufweisen. Für die CO-Emissionen gilt dieser Trade-Off nicht (Abbildung A.4).

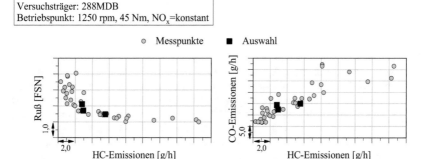

Abbildung A.4: Zusammenhang Ruß- und HC-Emissionen sowie Ruß- und CO-Emissionen für die Variation der Einspritzzeitpunkte der Nacheinspritzung bei verschiedenen Mengenaufteilungen

Ein guter Kompromiss hinsichtlich der HC- und Rußemissionen aus Messung 1, 2 und 3 ergibt sich durch folgende Einspritzzeitpunkte:

- erste Nacheinspritzung: $16°KW$ n. ZOT,
- zweite Nacheinspritzung: $25°KW$ n. ZOT.

Diese sind in Abbildung A.4 hervorgehoben. Zusätzlich zeigt die Kombination ein gutes Verhalten hinsichtlich der CO-Emissionen. Die Variation der Mengen und der Mengenaufteilung ist in Abbildung A.5 für die zuvor ermittelten Zeitpunkte der Nacheinspritzungen bezüglich Abgastemperatur, HC-, CO- und Rußemissionen dargestellt.

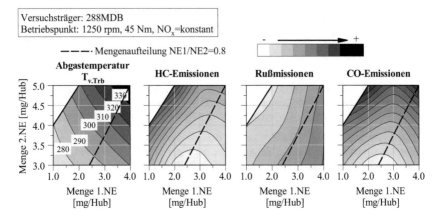

Abbildung A.5: Einfluss durch die Mengenvariation der Nacheinspritzung

Zunächst ist ersichtlich, dass die Variation der gesamten Menge eine Abgastemperaturanhebung hervorruft. Abbildung A.5 zeigt die HC-Emissionen in Abhängigkeit der Mengenvariation von der ersten und zweiten Nacheinspritzung. Zusätzlich wurde eine Gerade abgetragen, die eine Temperaturanhebung bei minimalen HC-Emissionen wiedergibt. Diese liegt bei einer Mengenaufteilung von $NE1/NE2 = 0,8$. Diese Aufteilung entspricht gleichzeitig in etwa den minimalen CO-Emissionen bei Anhebung der Abgastemperatur. Die Rußemissionen zeigen lediglich eine Abhängigkeit bezüglich der Menge der ersten Nacheinspritzung und damit zwangsläufig eine Abhängigkeit von der Mengenaufteilung. Durch eine Verschiebung der Mengenaufteilung zugunsten der zweiten Nacheinspritzung, d. h. $NE1/NE2 < 0,8$, reduzieren sich die Rußemissionen, jedoch führt dies im selben Moment zu einem Anstieg der HC-/CO-Emissionen. Aus diesem Grund wurden als Kompromiss für die Untersuchungen in Kapitel 6.1.1 folgende Parameter verwendet:

- Zeitpunkt der ersten Nacheinspritzung: $16°KW$ n. ZOT,

- Zeitpunkt der zweiten Nacheinspritzung: $25°KW$ n. ZOT,

- Mengenaufteilung: $NE1/NE2 = 0,8$,

- Variationsparameter der Abgastemperatur: Menge beider Nacheinspritzungen.

Abbildung A.6 zeigt die Korrelation zwischen Abgastemperatur und Kraftstoffverbrauch.

Versuchsträger: 288MDB
Betriebspunkt: 1250 rpm, 45 Nm, NO_x=konstant

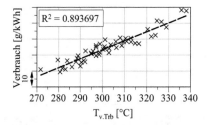

Abbildung A.6: Korrelation zwischen Verbrauch und Abgastemperatur bei der Parametervariation einer doppelten Nacheinspritzung

Unabhängig von den Parameterkombinationen können die Unterschiede im Verbrauch bezüglich der Abgastemperatur in erster Näherung vernachlässigt werden.

A.4 Temperaturverlauf Warmhalten

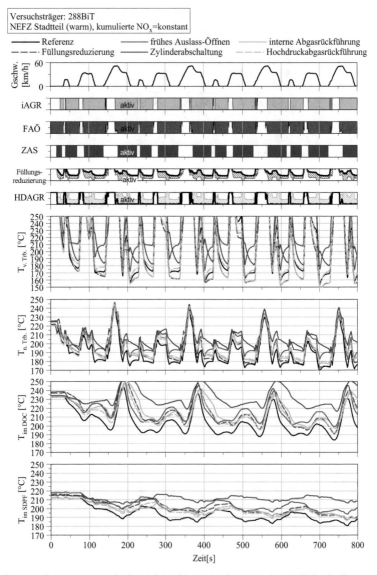

Abbildung A.7: Temperaturverlauf und aktive Phasen der Strategien im NEFZ-Stadtteil

A.5 Temperaturverlauf Aufheizen

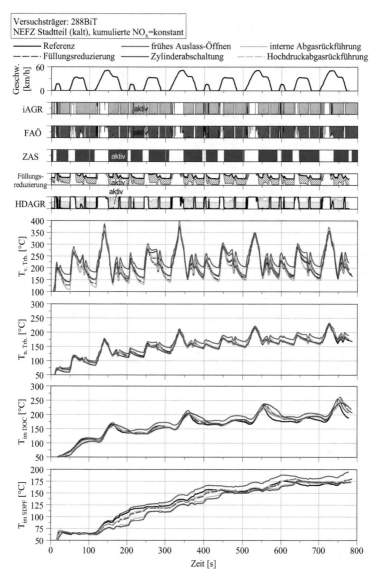

Abbildung A.8: Temperaturverlauf und aktive Phasen der Strategien im NEFZ-Stadtteil

A.6 Vertrauensbereich der dynamischen Emissionsmessungen

Im Folgenden sind die Vertrauensbereiche der Verbrauchs-, Stickstoffoxid-, HC-, Ruß-, und CO-Messung für die dynamischen Emissionsmessungen dargestellt. Es handelt sich dabei um jeweils drei Referenzmessungen, die über den Messtag verteilt durchgeführt wurden. Die Referenzmessungen selber sind dynamische Versuche. Hierzu wurde entsprechend der Versuchsdurchführung aus Kapitel 4.3 ein NEFZ-Stadtteil mit einem vorkonditionierten Motor und einer vorkonditionierten Abgasnachbehandlungsanlage vermessen. Bei den Messpunkten handelt es sich um kumulierte Messwerte der jeweiligen Massenströme, die relativ zu dem Mittelwert der drei Messungen angegeben sind. Tabelle A.2 fasst die Ergebnisse aus Abbildung A.9 zusammmen.

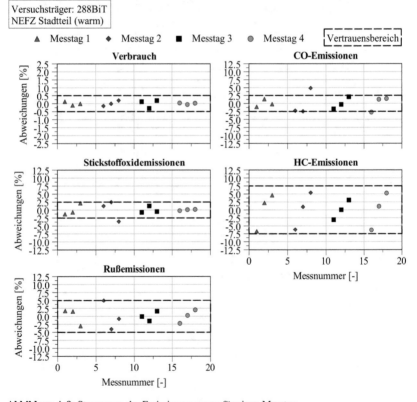

Abbildung A.9: Streuungen der Emissionsmessung für einen Messtag

Tabelle A.2: Vertrauensbereich der Emissionsmessungen

Verbrauchsmessung	Stickstoffoxidmessung	HC-Messung	Rußmessung	CO-Messung
+/-0,5%	+/-2,5%	+/-7,5%	+/-5%	+/-2,5%

Printed in the United States
By Bookmasters